U0004832

自然生活家 24

圖解 盆栽技法

時崎厚 監修

何姵儀 譯

晨星出版

Contents
目次

盆栽的基本

如何欣賞盆栽 …… 8
盆栽的魅力 …… 10
❶鑑賞 …… 10
❷配盆 …… 14
盆栽的種類 …… 16
❶松柏盆栽 …… 17
❷雜木盆栽 …… 18
❸花朵盆栽 …… 19
❹果實盆栽 …… 20
❺山野草盆栽 …… 21

❹病蟲害防治 …… 54
通年作業流程 …… 56
如何擺飾盆栽 …… 58
❶地板擺飾 …… 59
❷層架擺飾 …… 60
❸裝飾盆景架 …… 62

松柏盆栽

黑松 …… 64
真柏 …… 68
赤松 …… 72
杜松 …… 76
東北紅豆杉 …… 78
杉 …… 80
五葉松 …… 82

雜木盆栽

欅 …… 88
榔榆 …… 94
唐楓 …… 100
縮緬葛 …… 104
姬沙羅 …… 108
雞爪槭 …… 112
遼東水蠟樹 …… 116

盆栽的樹形……22
❶樹形的基本……22
❷樹形的種類……23

盆栽的入門方式……26
❶購買方法……26
❷用土……28
❸工具……30

盆栽的技巧……32
❶換盆……32
❷摘芽、切芽……34
❸剔葉、剪枝……36
❹纏線……38
❺繁殖方法〔分株法〕……42
〔插枝法〕……43
〔播種法〕……44
〔壓條法〕……46
〔嫁接法〕……47

盆栽的管理……48
❶置場……48
❷澆水……50
❸施肥……52

花朵盆栽

臭黃荊……120
木蠟樹……122
龍神地錦……124
夏地錦……126
百日紅……128
梅……134
櫻……138
茶花……142
野薔薇……146
屋久島萩……148
山繡球……150
迷迭香……152
皐月杜鵑……154
長壽梅……158

果實盆栽

● 老爺柿……164
● 胡頹子……168
● 日本衛矛……172
● 石榴……176
● 垂絲衛矛……178
● 南蛇藤……180
● 山鶯藤……182
● 日本南五味子……184
● 落霜紅……186
● 西府海棠……190
● 衛矛……194
● 窄葉火棘……198
● 山橘……202

山野草盆栽

● 抱樹蕨……206
● 虎耳草……207
● 頭花蓼……208
● 大文字草……209
● 銀霧……210
● 石菖蒲……211

如何製作苔球……212
盆栽用語集……214

推薦序

「一石一世界，一樹一景觀。」我投入盆栽領域已三十多載。三十多年來投入心血與努力，任勞任怨，在四所大學教授盆栽課，並到過二十一個國家授課及做現場盆景表演。我曾經患過嚴重的憂鬱症，由於接觸到了盆栽，因而得到許多的啓發與靈感，也使得我忘記一切緊張與煩惱，達到悠然忘我之境。病癒後的我，等於重生，因此我矢志終身為盆栽推動與奉獻。

看到時崎厚監修的《圖解盆栽技法》這本書，感到很實用。書中教導了盆栽的基礎、維護與管理方法。對盆栽的種類與樹型，對松柏盆栽、雜木盆栽、花朵盆栽、襯草等都有詳細的說明及圖解，所以我認為將對盆栽的初學者及愛好者有很大的幫助；我想對於廣大的盆栽愛好者，將引起極大的興趣與推廣，所以特以為序，表示鼓勵與敬意。願與盆栽愛好者共勉之。

經歷
中華盆栽全國總會首席國際盆栽終身顧問
中華盆栽全國總會技術顧問
中華盆栽全國總會評審委員會評議委員
美國 SPU 大學盆栽教授
文化大學盆栽教授

Amy Liang
梁悅美
於台北紫園

朝深奧的盆栽世界邁出一步吧！

開始玩盆栽很簡單。只要將在山上或路旁的果實種下、將剪枝或庭院的樹枝當作扦插，不管是什麼樣的盆栽，起先都是一株小小的樹苗。若是利用市售的樹苗，這樣栽種時就不需花太多時間；若是盆栽專用的樹苗，反而會更好種。此外，還可買盆獨具風格的盆栽，再經由自己的雙手增添韻味，這也算是樂趣之一。易入門，而且門檻低，只要對樹木了解地愈多，就會陷得愈深，這就是盆栽世界。

樹木的壽命遠遠超過人類，江戶時代的盆栽，有的現在依舊青翠茂密、新芽紛出；而今天埋下的種子日後說不定會保有好幾百年的命脈。修剪，是一段連接過去與未來、讓人深深體會到瞬間流動的時間。許多先人不斷累積的智慧與技巧，形成了今日盆栽的基本。只要掌握基本，就能自由地靈活運用，找到適合現代生活場景的賞玩方式。

獨自欣賞也好，參加盆栽同好會交換情報或聊聊辛苦心境也不錯。利用網路跨越地區隔閡，享受情報與照片交換的樂趣更是現代特有的享受方式。在展示會上不僅可欣賞到前輩的佳作，還能享受到利用精心修剪的盆栽裝飾舞台的樂趣。

就請大家找到適合自己的方式，衷心地感受盆栽的奧妙。

時崎厚

盆栽的基本

如何欣賞盆栽

盆栽的樂趣，是隨同草木一起表現的。就讓我們將製作盆栽分為三個階段，並且以此為標準，創造一個善待草木的小小世界吧。

樹木也有生命階段。雖週期與動物略有不同，但依舊有幼年期、青年期、壯年期與老年期。而最重要的，就是看出眼前的樹木是處於哪個階段。與動物不同的是，樹木每一個週期都會冒出新的枝芽。

就算是老樹，新芽從幼年期開始就會以很快的速度生長，至於樹幹與樹枝則是在不同階段同時生長，這就是植物的特徵，也是強韌生命力的來源。

就讓我們事先了解植物特有的週期，進而區分「培養」、「創造」與「進化」各個時期吧。正因爲是與樹木一同享受生長的樂趣，所以才能孕育出充滿生命感的「盆栽之美」。

培養

整頓一個茁壯成長的環境

原本會成為大樹的樹木現在若要栽種在小小的盆缽裡，就必須先整頓一個讓樹木茁壯成長的環境，這點很重要。因為樹沒有精神，就無法成為一盆美麗的盆栽。

營造一個讓樹木感覺舒適的環境有好幾個共同點，但要記住，未必所有的樹都一樣。有些雖是受到樹種不同的影響，但也有的是樹木本身獨有的特色。例如喜歡日照的樹種，但有的樹處在半日陰涼的地方反而更有活力，水、用土與肥料等因素亦然。

即使一邊考量基本性質，實際在培養時還是要按照樹木的個性好好相處。透過每日的觀察，不錯失樹木發出的訊息，這就是「培養」的基本原則。

創造

了解樹木，練習培養

茁壯成長的樹木一旦迎接青年期，就可正式進入「創造」階段。在培植的過程雖可養成某個程度的「習慣」，不過青年期到壯年期這段期間卻可培養樹木承受一些負擔的力量。

切記，千萬不要硬來。培養的這段過程不只是要讓樹木充滿力量，同時也要讓栽種的人熟悉樹木習慣。樹木要如何儲存力量，每根樹枝要如何伸展，該如何彎曲，只要知道的愈多，人與樹木間的共同作業就會愈順利。

盆栽並不是只能靠培養的人來造就樹形，還需要樹木的合作才能創造。牢記這個心得，靈活地擴大想像，盡情享受各種不同的培養方式。就算一開始的構想未必會順心如意，卻能加深這個階段的樂趣。

進化

體會年年提升的風格

樹形一旦塑造好了，下個階段的主要工作就是維持樹形。但照理說，植物是不會停止生長的。正因為會充滿活力地持續生長，樹格才會毫無止境地不斷進化。

話雖如此，兢兢業業地持續下去卻是件不容易的事，只要稍微鬆懈，樹形就會變得凌亂，不堪入目，這是常有的事。遇到這種情況就要當機立斷，不是讓樹木「回到原來的樹形」，就是「大幅改造樹形」。所以每天按照季節拍照這個習慣很重要。因為這不僅是記錄，同時也能充分地看出樹格的變化，甚至成為下一個盆栽的最佳指南。

另外，多請人觀賞或展示，也能學到許多光是透過自己的雙眼，還是會看不出來的地方。

盆栽的魅力

在小小的盆缽裡表現大自然的盆栽，對樹木來說，正因為和在大自然一樣舒適，所以才能發揮出無窮的美麗。

盆栽的魅力❶

鑑賞

探索感動的泉源 發覺鑑賞之處

實際開始製作盆栽時或許需要些勇氣。因爲過去「盆栽是很昂貴的東西」這單方面的誤解已經深植人心，況且大家也不太了解盆栽的好壞。

盆栽是好是壞，全憑自己的感覺。只要能打動心靈，就算是第一個魅力吧！就算專家口沫橫飛地稱讚，不喜歡的東西還是感受不到它的好。

只要找到感動的來源，就會自然而然知道如何觀賞細微部分。遇到扣人心弦的盆栽，就試著仔細凝望，自己挖掘值得欣賞之處。仔細觀賞不僅賞心悅目，想要培養出什麼樣的盆栽，心裡的概念也會愈來愈具體。

盆栽與園藝盆栽不同 有趣在於極小化

盆栽與園藝盆栽的差別，應該是樹木與盆缽的關係。從培養苗木到換盆，園藝通常需要將樹木更換至另一個大一圈的盆缽；但若是盆栽，卻會換至一個更小更淺的盆缽，讓樹木與盆缽慢慢地取得均衡。

園藝是要欣賞花朵盛開、果實纍纍的樂趣；相對地，盆栽則是要體會在一個極小的空間裡重現寬闊風景的趣味。這是一個能在身旁享受大樹風格、季節風情、無垠開放感所營造的袖珍世界，玩心可說是窮究無盡。

盆栽的正面與背面 要邊培養邊決定

盆栽有好幾個需要注意的地方。雖精通盆栽的人與專家是要細細體會樹形，但純粹因爲興趣而開始製作盆栽的人並不需要如此在意。儘管盆栽的好壞取決於萬人共有的自然觀，但我們每個人還是有自己的感性。

這裡提到的注意點是大多數人認定的部分。只要掌握這些內容，在觀賞或購入苗木時會是個很好的指南，但也不需要過於堅持形狀而壓抑自己看到的印象。

第一先觀看並且試著體會整個盆栽的景色（模樣）。在大自然中，樹木會適應各

手掌大小的小品盆栽（杉）。如此雄壯威武的巨樹感，光是將粗大的枝幹插在盆缽是無法呈現的。

種不同的條件，堅忍不拔地存活下去。並不是所有樹木都會在水和日照豐富的地方優游自在地生長。在陰暗的樹林中，在風雪交加的高山岩地，環境嚴苛的景色也常出現在盆栽之中。

盆缽亦然。對樹木而言，這是一個生存條件比大自然還要嚴苛的地方，若棄而不理，是無法長久存活下去的。長年在盆缽中生氣勃勃的美麗樹木通常隱藏著大多數培養者的思緒。

從正面欣賞完景色後，接下來從其他角度來眺望。從下方可清楚看出內側樹枝的模樣，從正上方看，可欣賞到在自然界中難以看見的角度。若再仔細觀賞這些小樹的細微地方，還可窺探出創造這盆盆栽的人每日付出的心血。

盆栽

園藝盆栽

右邊的盆栽與上方園藝盆栽的其中一顆果實大小幾乎一樣（姬蘋果）。用盆栽來栽種的話，花朵與果實的數量會變少；但就算只有一個，姿態依舊美麗，有時甚至還可利用盆缽來襯托。不僅如此，幹肌與枝形訴說的歲月還可療癒觀者的心。

如何決定正面

模樣木形

決定可清楚看出樹根，強而有力地朝左右舒展的那一面。

懸崖・半懸崖

與樹幹低垂方向相反的那一側若可清楚看出樹幹與抓根的那一面，可為正面。

舍利幹

以舍利幹與吸水線的均衡來決定

模樣木（→P23）懸崖・半懸崖（→P23）舍利（→P22）

觀賞盆栽的注意點

一般觀賞的基本注意點，有「幹的韻味」、「根張的安定感」與「枝葉的模樣」三點。

樹幹表現的是樹木生長的歲月，所以要從幹形與根部隆起處的感覺來觀賞。根張決定了整體的安定感，枝葉的粗細則是必須配合盆栽的大小。這三點要素都齊全了，盆栽才能醞釀出沉著穩定的氣氛。

觀賞之際，先從整體著手，之後再來慢慢體會細微部分，這樣就能找出超越基本模式的魅力了。

挑選素材苗木時最重要的，就是要以這三點爲參考基準，看穿樹木將來要如何培養，或會如何成長。

Point 1

幹的韻味

盆栽的樹形取決於幹形。雖每個樹種的適應性不同，但基本上是由培養者來造就樹形。從最下面的枝條（第一要枝）的「幹基（頭緒）」最能看清楚樹幹，這個部分決定了樹形與樹格。說的具體一點，就是幹的粗細與諧順（向上伸展自然變細的模樣）、「曲幹」與「幹模樣」等彎曲程度、幹肌的荒皮程度。盆栽要表現的，是不依靠需要把時間交給大自然的歲月，將控制枝葉生長的力量融入樹幹之中的大樹風範。此外，舍利幹與神枝等（舍利的樹枝部分）讓樹幹或樹枝以枯死的姿態展現美的方式，更堪稱是壯觀的表現技巧。

Point 3

枝葉的模樣

枝葉的注意點，在於是否與盆栽適宜均衡。讓葉更小、枝更細，憑靠的是不斷修剪。枝愈往上長縫隙就愈細，代表「諧順」好。葉雖因樹種而異，不過每棵樹也有葉性，故在挑選素木時必須細細吟味。

葉性

葉的大小、方向與色調以齊一為佳。

枝條的間隔最好愈往上愈密集。

配枝

最下面的第一要枝（差枝）與第二要枝的形狀不易改變，購買時最好留意一下。

Point 2

根張的安定感

露出地表的根稱為「根張」。樹木佇立於大地的安定感可透過根張的姿態來表現。基本上緊緊抓住地的根稱為「八方根張」。不過根張展現的安定感會隨著樹種與樹形而改變。因此要怎麼看才能感覺到樹形的安定感就是根張的重點。

八方展根

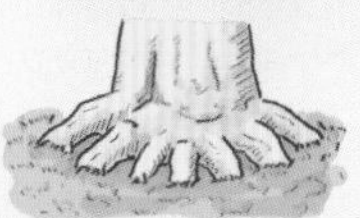

樹幹的周圍布滿樹根，牢牢地支撐樹幹。

二段展根

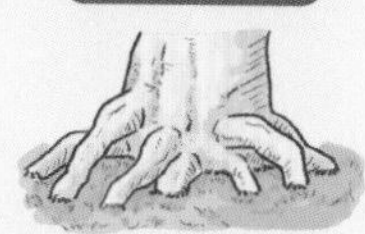

除了樹根，樹幹的上方也伸展出樹根。

抓根

偏向一邊傾斜的樹形，例如斜幹，與主幹反方向的樹根（抓根）會穩住大地。

片面展根

樹幹極端地朝某一個方向傾斜的樹形，例如懸崖、風翩會利用另外一頭的樹根來支撐。

盤根

根與根相互癒合為一體後所形成的板狀根。

盆栽的魅力❷

配盆（盆景）

與盆缽協調才能展現盆與栽的和諧

盆栽的盆，其實就是缽，因此缽又可稱爲「盆器」。透過植物與盆缽的協調來展現景色雖是盆栽的重點，但搭配適合的樹木或草也很重要。挑選盆缽稱爲「配盆」，而植物與盆缽的均衡景象就稱爲「盆景」。

盆栽所使用的盆缽種類繁多，無法一一分類，但就形狀與部分名稱可分爲下列幾種。

昂貴的盆缽並不代表就是最好的，只要能映照出草木的姿態，就算是「缺角的碗」，同樣風姿綽約。不少盆栽家會自己製作盆缽，在鍋碗瓢盆底部打個盆眼也可，所以就讓我

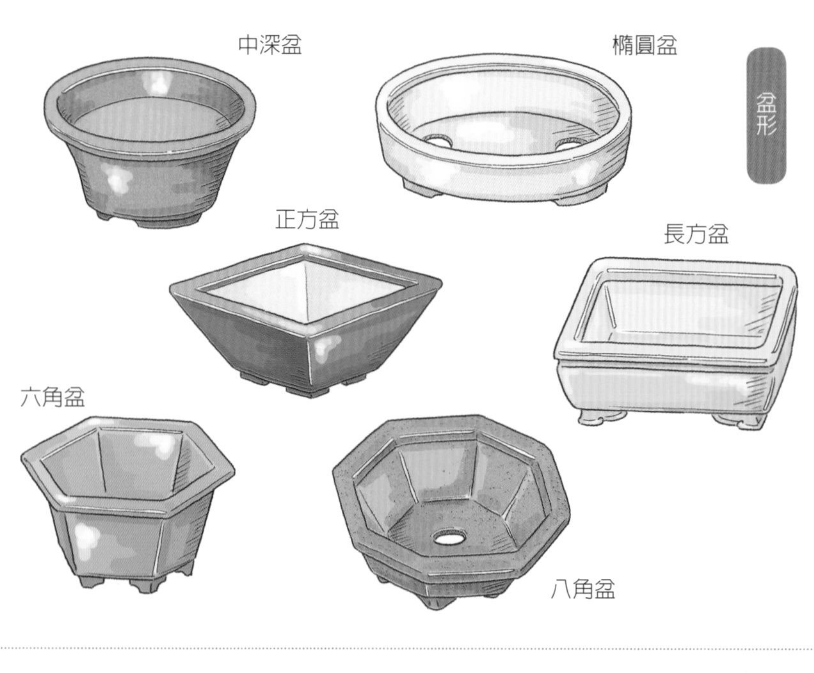

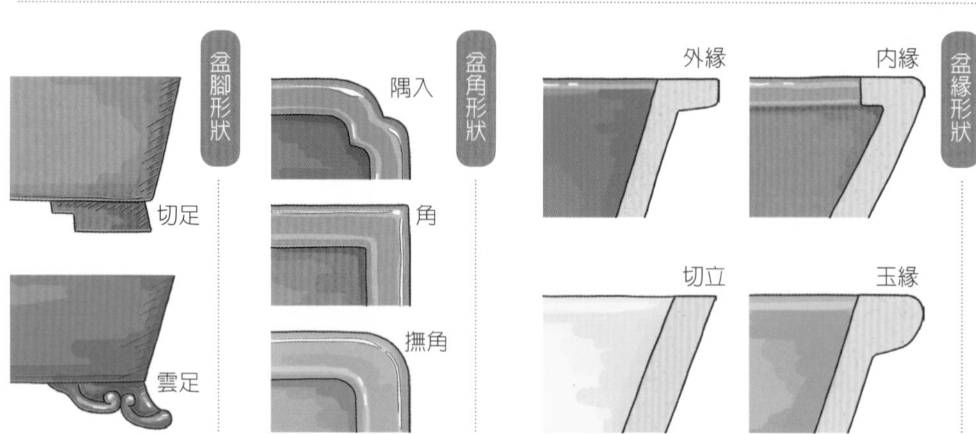

們充分發揮想像力吧。

草木與盆缽投不投緣 取決於生長與樹種

比盆缽形狀還要重要的，就是草木展現出的氛圍。首先要根據草木的生長階段來挑選盆缽種類。培植幼木時最好挑選透氣與排水性佳的素燒盆。生長期使用的盆缽稱爲「培養盆」，造就樹形階段使用的盆缽稱爲「成品盆」或「化妝盆」。

唯有在展示期間會將樹木移到上了釉彩的化妝盆，結束後有時還會移回沒有上釉彩的素燒盆（高溫燒成的土色盆缽，亦稱瓦盆）。

松柏盆栽很適合古樸的紫砂盆，其他像雜木、花朵與果實則是適合色彩繽紛的化妝盆。

均衡協調的配盆

橢圓盆

欅

又可稱為盤的橢圓形淺盆。寬闊的感覺很適合樹木。

烏泥正方盆

素燒的烏泥正方盆。中深的高度可紮實地支撐獨特的樹形。

切足長方盆

青綠釉的切足長方盆。適合搭配黃色果實、綠葉與桃色花朵。

長方盆

繪上圖案的雲足長方盆。盆缽的紅色剛好襯托出莢蒾的紅色果實與紅葉。

盆栽的種類

盆栽可按照樹木的大小與樹種來分類。就讓我們按照這琳琅滿目的樹種，來品味近在眼前的小品盆栽魅力與深邃韻味。

盆栽的分類是欣賞的參考標準

按照盆栽大小的分類方式並不嚴謹。像是過去只要不是大型盆栽，其他全都歸納在小型盆栽。

現在盆栽可分為大品盆栽（樹高超過60cm）、中品盆栽（樹高20～60cm）與小品盆栽（樹高不到20cm）（見下圖）。樹高指的是樹根到樹芯的高度，若是懸崖樹形（→P23），就是從樹幹彎曲處開始到枝條下這個高度。

然而並不是說昨天還是小品盆栽，今天因為長了1cm就變成中品盆栽，這只是個大概。我們的目標是培養，並不需斤斤計較尺寸大小，觀賞並感受美才是最重要的。

按照樹種的分類方式並不嚴謹

按照樹種的分類方式其實並不嚴謹。過去只是大致分為「松柏盆栽」與「雜木盆栽」，因為站在植物學的角度來看，松柏＝裸子植物，雜木＝被子植物。

近年來出現將雜木盆栽加以細分的趨勢，故本書共有「松柏盆栽」、「雜木盆栽」、「花朵盆栽」、「果實盆栽」與「山野草盆栽」這五個項目。

不管是哪個樹種，現在最受歡迎的，應該算是可在狹小空間內隨時賞玩、同時又能體會到盆栽特有深邃韻味的「小品盆栽」。

本書分類的樹種

松柏盆栽
黑松、赤松、真柏、杉

雜木盆栽
欅、楓、雞爪槭、百日紅

花朵盆栽
梅、櫻、山茶、皋月杜鵑

果實盆栽
胡頹子、日本衛矛、山橘

山葉草盆栽
抱樹蕨、虎耳草、銀霧

盆栽大小的測量方式

大品盆栽
樹高
樹高超過 60cm

中品盆栽
20～60cm

小品盆栽
20cm 以下

懸崖、半懸崖

測量盆栽大小時，樹形不同，測量方式也會有所改變。從盆缽的邊緣到頭部為「樹高」，但懸崖形與半懸崖形無法展現整棵樹的大小，因此從最上方到最下方的這段距離稱為「上下」，從根部到差枝的前端稱為「左右」。

盆栽的種類❶

松柏盆栽

（▶ P63～86）

沉穩雄壯的風韻與魄力堪稱盆栽高峰的王道

「松柏」這個盆栽用語，是松類與眞柏（刺柏類）的總稱，其字面意思並不是指松柏（闊葉樹）。提到盆栽，大多數人第一個應該會想到松柏盆栽。光是這種盆栽就有無數自古流傳好幾世代的名品，所以才會成爲盆栽的主流。

身爲盆栽歷史悠久的松柏盆栽或許會讓人覺得門檻很高，其實松柏類絕非不容易培植的植物。這類樹木壽命本來就比較長又不容易枯死，加上枝幹不易折斷，所以最大優點，就是容易造就出各種的樹形。

對於初學者來說，這類盆栽容易處理，能盡情享受造就樹形的樂趣。只要付出的心思愈多，就愈能深深體會到箇中韻味。

雖稱爲「松柏」，但各個樹種散發出的風韻卻各有千秋。若能同時欣賞好幾種松柏類的小品盆栽，就會不知不覺地磨練出盆栽的技術，也能慢慢培養觀賞的眼力。

既然是小品，那麼就能連同松柏一起培養其他樹種的盆栽，充分體驗各自獨有的性質、不同的培植方式與展現的季節感，這也算是一項極大的樂趣。

五葉松

五葉松葉短密集，在松類中算是比較容易培植成小品的種類。只不過生長緩慢，幹肌需要一段時間才會出現荒皮狀。本作品的幹肌與樹形的風韻是長年累積而來的瀝血之作。

雜木盆栽

（▶ P87～132）

生動展開變遷的季節感

過去別名爲「葉類盆栽」，以落葉闊葉樹爲主的類別。不過所有樹木都能培植成小株型態，幾乎找不到無法栽種到盆栽裡的樹種。

近年隨著園藝種的普及，不管是落葉樹還是常綠樹，各種樹木都能栽種成盆栽，因而漸漸細分成「花朵」「果實」等盆栽類別，但這之間的界線卻是模糊不清。本書在小品盆栽中，將以非觀賞花朵或果實爲目的而創作的樹種歸類爲「雜木盆栽」，而且可藉由培養方式使其開花或結果。

雜木盆栽最大的魅力，莫過於可讓人眞實地體會到一整年的季節變遷，完美地在這個小盆缽中展現出凝縮季節變化、超越大自然的美。

嫩芽更加鮮嫩、紅葉更加深邃、常綠樹的冬葉也表露出在自然界看不見的變化。加上幹肌的風韻洗練，整形成寒樹（裸木）也別有一番韻味。

可讓人強烈又眞實地感受到盆栽「不斷朝內提升植物力量的技巧」，就是雜木盆栽。大多數雜木向外伸展的生命力很旺盛，故造就樹形時，會比松柏還要費力。正因爲如此，得到的成就感也大爲不同。

山毛櫸

將長久以來精心照料的盆栽展現出「海枯石爛」的感覺。而散發出這種悠長氣氛的，就是幹肌。白皙的色彩，是經過一番歲月的山毛櫸才能展現的魅力。冬天時把葉子留下來，可展現出春天的模樣。新葉則是在初夏展露。

盆栽的種類❸

花朵盆栽

（▶ P133 ～ 162）

鮮花朵朵嬌豔 值得等待的喜悅

以觀賞花朵爲目標的類別。大品與中品盆栽可欣賞到盛開的花景。雖小品盆栽花數多的樹種很少，卻可欣賞到與園藝盆栽的華麗截然不同的情趣。

在盆栽裡造就樹形時，枝葉會愈來愈細小，但花朵與果實的大小卻不會有所改變。想要觀賞手掌大小的小品花朵盆栽，就必須挑選花朵很小巧的樹種才行。

不過數量少、看起來比較大朵的花也能綻放出小品盆栽特有的光彩。朵朵綻放的花就像放在放大鏡底下，讓人感受到花朵本身的美。初綻的花苞隱隱透露的花色等園藝盆栽容易忽略的色彩也會格外惹人憐愛。

花朵盆栽讓人深深地感受到開花的喜悅還有一個看似反論的理由，那就是開花與造就均衡樹形的時間很長。若從苗木開始培植，那麼樹就要到長大後才會開花。加上開花結果會對樹造成極大的負擔，因此在樹幹與枝條具備力道前，花芽通常都會及早摘取下來。

長年細心照料的樹終於開花所帶來的喜悅，可說是只有經歷一番培養後才能體會的感動。

土佐水木

早春搶在新芽冒出前盛開的淡黃色花朵散發惹人愛憐的風情。花朵開在短枝上，屬於讓人殷殷期盼開花的樹種。新葉亦十分纖細。

果實盆栽

（▶ P163～204）

圓潤飽滿的果實 散發出明亮光澤

花朵盆栽中亦有果實美麗的樹種。尤其是可觀賞到纍纍果實的樹種每到結果季節，都會讓人格外珍惜。而另一點讓人高興的，就是這類果樹大多在不常開花的秋季到冬季這段期間爲我們的生活增添不少色彩。

結果前必定會開花，但就算盛開的花朵完全不醒目，依舊能結出美麗果實的樹種卻意外地多。這類樹種大多花朵小，就算是小品盆栽，也能欣賞到沉重果實垂掛在樹枝上的景致。而果實盆栽另外一個魅力，就是可觀賞到庭院樹木與盆景的小巧果實培植在盆缽時，反而會相對變得碩大的奇特景色。

與花朵盆栽一樣，果實盆栽的樹種有些必需經過好幾年才能塑造樹形，然而茁壯強韌，不需消耗太多體力照料的攀緣植物卻可提早觀賞到果實。

照料果實盆栽要先了解到培植的樹木必需結果。結果的結構會因樹種不同而改變，例如只要單株就能結果的雌雄同株，或是需要雄樹與雌樹的雌雄異株。當中有的樹種還會因爲營養狀態而變換性別，亦即自交不親和性的樹。

盆栽需長久與樹木交往下去，所以事先透過圖鑑來了解性質也是件很重要的事。

紫式部

紫色果實固然美麗，但種在庭院裡枝幹反而會緩慢成長，而且果實纍纍的模樣顯得平淡無奇。倘若培植成小品盆栽，只要在樹形上花些心思，就能觀賞到風姿綽約的韻味。10～11月結果。

山野草盆栽

（▶ P205～213）

聚集的嬌小草群營造出植物的共生空間

山野草過去常被認爲是樹蔭雜草或用來陪襯席飾，但因容易培植，季節感濃郁，加上苔球流行，現在已爲大家所熟悉。細膩豐潤的韻味、山野草獨有的嫩綠，療癒了每日過得汲汲營營的身心。

不過，山野草的風韻絕非僅止於此。與樹木盆栽一樣，在長年照料下，山野草盆栽同樣會展露意外的風貌。園藝中被視爲是一年生植物的花草若以盆栽形式培養，過一年後就會慢慢地木質化。那些被視爲是香草植物的山野草許多原本是樹高爲10cm的亞灌木（尤其是嬌小的灌木），在培植成盆栽過程中，有的甚至會散發出一種令人驚豔的風格。

另外，開始培植單一植物的小盆缽裡有時會飛來附近小草的種子，就連青苔也會自然而然地覆蓋在表土或盆缽上，營造出一個超越人們原本預期的共生空間。對草而言，或許是在爭奪陣地，但只要經過人類的巧手，就能均衡地和平共生，甚至演出一場主角交替劇，讓人欣賞到將大自然一小部分切割下來的袖珍世界。

山野草會自然地開花結果，就連四季的模樣與過冬的作風也是琳琅滿目。秉持著觀察的心情凝望也是件趣意盎然的事。

白花雛草

花朵呈淡淡藤青色的雛草。每逢早春至初夏這段期間就會盛開，屬於生命力強韌的多年生草本植物，亦可播種栽植。

盆栽的樹形

盆栽的樹形有好幾種類型，不過我們要追求的，是不違背自然的美麗表現。關鍵字就是「不等邊三角形」。

盆栽的樹形❶

樹形的基本

在嚴峻大自然中展現的模樣是盆栽樹形的模型

盆栽樹形是模仿在自然界中承受狂風暴雪、長年環境變遷，一路適應而來的樹木姿態，也就是模型。固定的模型或許讓人感覺刻板，但掌握基本模型後再來增添特色，這才是創作的樂趣。

樹形模型基本關鍵字是「不等邊三角形」，也就是穩定與非對稱間的均衡。十分穩定的是正三角形與等邊三角形。其實在林木造型與西方庭園造景中，這種展現對稱美的結構很普遍。

但就日本人的審美觀，這樣的型態似乎稍嫌不足，因而啓動了「想要塑整成有點傾斜」的玩心。前人以自然界爲範本，經過一番嘗試的集大成乍看之下樸實無華，但在實際培養過程中，卻深深體會到當中深邃的含義。只要多加觀賞各種不同類型的樹形，就會發現這當中有好幾款都是不等邊三角形。

所以一開始就讓我們從日本人充滿玩心的感覺所培養的基本樹形著手吧。

盆栽各部名稱

頭（樹芯）
樹木的定點。

後枝
朝後方伸展、可展現深度的枝條。

吸水線
存活時輸送水與鹽分的幹。

第一要枝（下枝，差枝）
枝根在最下方、能塑造樹形底邊的枝條。

第二要枝
由下數上來的第二個枝根。位在第一要枝的相反側，讓整體顯得均衡的枝條。

神枝
雪白美麗的枯枝。

舍利幹
雪白美麗的樹幹。

幹基（頭緒）
從根部到第一要枝的樹幹。展露幹模樣之處。

根張
根露出地表的部分。

主幹
支撐整體的樹幹。

整體為不等邊三角形

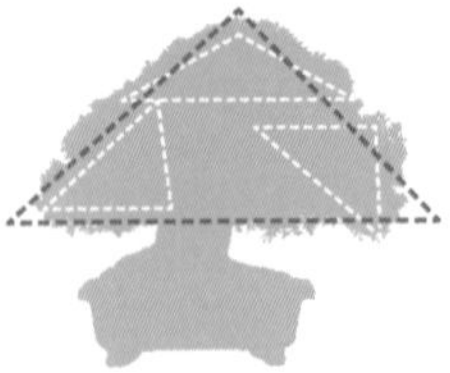

由好幾個三角形組成一個大的不等邊三角形，奠定出錯綜複雜的安定感。經過一段時間後，構成樹形的三角形銳角會略帶弧度，這才是美。

樹形的種類

直幹

▼樹幹從樹根筆直伸展，根張穩定，諧順（幹愈往上長，枝條愈細）佳，樹枝左右交互生長。是營造茁壯成長氣氛的重要樹形。

石化檜

黑松（→ P64）

雙幹

▲由兩支樹幹所構成，大小均衡的樹形。總稱「多幹」，兩支為雙幹，數目超過的話以奇數來算，分為三幹、五幹、七幹。照片為葉片的成長點大多不特定的雙幹石化檜。

懸崖

▼模仿在斷崖或溪谷等嚴峻條件下，樹木堅忍生存姿態的樹形。樹若從根部朝水平或下方生長即為懸崖樹形。樹枝下垂角度小的稱為「半懸崖」，角度大的稱為「大懸崖」。

五葉松（→ P82）

楓（→ P100）

模樣木

▲展現樹幹向上生長後，頂端緩緩搖曳曲線的樹形。因為是藉由枝幹描繪出曲線，故名「模樣」。居於直幹與模樣木之間的樹形稱為「立木」，而讓樹幹的曲線扭轉至極限，整體感覺顯得粗大的樹形則稱為「蟠幹」。

風翩（風吹）

◀模擬強風不斷朝某一方吹拂的樹形。似懸崖（→P23），不過懸崖樹形的頭（樹芯）朝上；相形之下風翩樹形的特徵，就是所有枝條全都朝同一個方向傾斜。就連觀賞者也會有風吹的感覺。

西府海棠（→ P190）

文人木

▶明治～大正時代深受文人喜愛而誕生的樹姿。屬於樹幹細瘦的模樣木，下枝少，上方枝葉醒目。重視溫文儒雅風情而非茁壯強勁氣勢的樹形。亦有文人木的立木與懸崖（→ P23）樹形。

蝦夷松（卵果魚鱗雲杉）

株立

◀多幹樹形因為幹數多到難以區分枝幹，使得整體看起來就像是一株樹的樹形。別名「叢生」。株立樹形會盡量避免偶數幹，以奇數幹為佳。是灌木類樹種容易塑造的樹形。

梔子

斜幹

▶單幹，樹幹從根部整個偏向一邊的樹形，充分展現出大樹生氣勃勃的魄力。為展現穩定感，與傾斜這端相反方向的根張必需是牢固的「抓根」。

五葉松（→ P82）

楓（→ P100）

石附

▲模仿生長在石頭上、強盛威武樹姿的樹形。讓幼木附生在自然石上，就能使樹根懷抱石頭生長，同時欣賞到石頭與樹木的姿態。

露根（提根）

圓葉鑽地風

▲原本深埋在地底的樹根在自然界中會因為風雨沖洗或土壤崩裂而露出地面。露根就是模仿這個樹姿，讓樹根展露在表土上，成為觀賞樹幹一部分的樹形。樹根在接觸空氣時，也會與樹幹一樣變成樹皮色。

遼東水蠟樹（→ P116）

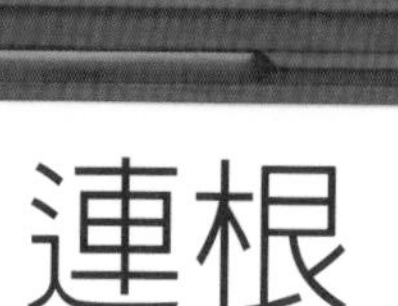

連根

▲數支樹根佇立，乍看之下類似「叢生」樹形，但樹根在土中卻是完全相連。如此樹形會讓人聯想到在深暗森林中倒木更新（以倒木為苗床，讓新樹生長）的景色。將幼木傾倒埋入土中即可塑成。

掃立

▶樹幹從根部筆直成長，到了中途擴展枝幹，讓樹冠呈現半球狀的樹形。欅的自然樹形就是這種形狀，不過雜木盆栽中有些樹種亦可造就這種樹形。

欅（→ P88）

進入盆栽世界雖簡單，但從一開始到體會盆栽韻味的道路卻是形形色色，就讓我們挑選適合自己的入門方式吧。

盆栽的入門方式❶

購買方法

辨別充滿活力的樹木 找出喜愛的植物

除了從播種開始，園藝店與居家修繕中心販賣的苗木也可拿來培植盆栽。若從盆栽用的苗木開始，就可大幅縮短形成盆栽的等待時間。到盆栽園或展示會場販賣區找尋苗木也是值得推薦的購買方法。盆栽或許給人一種價格昂貴的印象，其實不到一千日圓的苗木選擇很豐富。價格反映理由，若能掌握這個道理，就能在預算內找到「喜愛」的苗木了。

購買時要注意樹木是否有活力。到盆栽園可看見好幾株相同的樹種，可藉此比較彼此間葉片色澤與氣勢、展枝、根張等部分。只要是有活力的樹，就算購買後培養地有點失敗，樹木還是能隨即適應。因此尋找草木這項要素是一項要點。

配合生活 與盆栽和平相處

挑選樹種時，不妨試著配合自己的生活習慣吧。在繁忙的生活中培養生長迅速的樹種很不容易。不僅如此，培養者的個性與草木間也有是否契合的問題。同樣都是勤奮澆水與施肥，但有的樹就會長得很漂亮，有的樹卻是會愈照顧愈虛弱。

這些都是從經驗中學習的，所以不需畏懼失敗，放膽去挑戰吧，因爲植物的適應力很強，就算變得衰弱，絕大多數都會死而復生。因此盆栽買了之後，先拍一張照片，眞的沒有辦法再照料時，就讓樹木回到最初的模樣，說不定會意外地復活。

購買後先觀察 了解樹木的變化

盆栽或苗木買到手後不需急著問「接下來要怎麼做？」第一個要做的，是觀察。因爲對草木來說，這是一個驟變的環境，需要時間適應。記得要一邊澆水讓土壤表面保持濕潤，一邊觀察葉片與嫩芽的變化。澆水前跟澆水後都要拿起盆缽，了解一下重量的差異。因爲透過土壤吸水的速度與變乾的方式可猜測樹根的狀態。所以要隨時觸摸枝葉、樹根與

展示會的盆栽市集風景，可慢慢觀察葉態與展枝的模樣。試著從下方觀察配枝，或從拿在手上的盆缽重量來推測樹根伸展狀況，這些都是經驗愈豐富就愈懂得欣賞的樂趣。就算是買不下手的昂貴盆栽，也能當作參考的目標，值得一看。

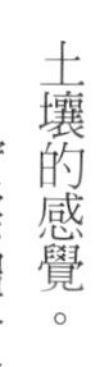

盆栽市集不僅可觀賞苗木，還能體會到山野草與青苔的姿態，很有趣。

土壤的感覺。

實際體會到植物的變化後，就會明白要怎麼照料。觀察的時間至少要兩週，這樣說不定會得到令人驚訝的觀察結果。就算只是把粗樹幹插在盆栽中，樹木照樣可存活。只要細心照料，就能培養出一盆漂亮的盆栽。

購買素木的要點

- 任何一株苗木都能變成盆栽。
- 在盆栽園或盆栽市集可比較樹木的狀態，學到的東西也比較多。
- 配合自己的生活習慣來挑選樹種。
- 購買後先拍照，並花一段時間觀察。

用土

了解土壤性質製作基本用土

盆栽用土最重要的，就是思考如何營造讓草木舒適的環境。重點在於排水性、保水性、不會阻礙樹根呼吸的透氣性，及沒有雜菌的清潔環境。而適合這些條件的土，就是市售的「赤玉土」。

基本用土是以赤玉土為主，再另外添加其他砂礫來填補需要的性質。赤玉土的配方比例以5～8成為基本，不過剛開始時，不妨試用市售的「盆栽專用配合土」。

思考土壤構造區分使用顆粒的大小

配合的砂礫種類

鹿沼土

雖名為土，卻是火山砂礫風化後形成的輕石。排水、透氣佳，酸性高。

河砂

因地區不同又可分為天神河砂、矢作砂，因此色澤相異。排水、透氣佳。

桐生砂

日本關東地區經常使用、略為風化的火山砂。含鐵量豐富。排水、透氣佳。

富士砂

日本東海以西地區經常使用、略為沉重的火山砂。透氣佳，適合栽種山野草。

主要基本用土的土壤

赤玉土

紅土乾燥後形成顆粒狀團狀結構的土壤。保水、保肥佳。排水與透氣雖好，但顆粒瓦解的話反而會導致阻塞，必須與砂礫一起調配。可分為大粒、中粒、小粒，小品盆栽較常使用小粒。顆粒更細的草皮用赤玉土（鋪在草皮上的土）適合袖珍盆栽。篩分微塵（灰塵狀的細土），讓顆粒大小一致後再使用。

其他特殊用土

炭

有稻殼的燻炭與竹炭。能吸收多餘水分與腐壞物質，在基本用土裡加入 1 成的配方，可預防樹根腐爛。

膨脹蛭石

將蛭石置於 1000℃高溫下燒製而成的改良用土。略帶鹼性。多孔、質輕、易排水、透氣佳而且清潔。適合當作扦插介質。

泥炭苔

濕地水苔腐熟而成的土壤，透氣與保水佳，不如水苔易腐爛。酸性高，亦有酸度經過調整的製品。

泥炭土

生長於濕地的蘆葦與菰屬植物堆積後自然腐熟、黏性高的土壤，屬於纖維質。保水性佳，是製作附石時不可或缺的土壤。

容易栽種植物的土壤通常為團粒構造，也就是土壤的固體粒子（單粒）組成集團顆粒的狀態。團粒可保留水與肥料，顆粒間孔隙大，所以水與空氣能自由流動，保水性、排水性與透氣性全都具備後，樹根就能吸收適當的水分、養分與空氣。

這種土壤構造若是在地面，只要經常耕種就能形成；盆缽的話，只要篩分擁有團粒構造的赤玉土與砂礫，按顆粒大小區分使用，就能營造出讓樹根健康成長的環境。

選擇用途的重點

- 考量排水性、保水性、透氣性與清潔性來挑選土壤。
- 基本用土以5～8成的赤玉土為主，再另外搭配砂礫來調配（下圖）。
- 篩分團粒構造的土壤要按照顆粒大小來區分使用。

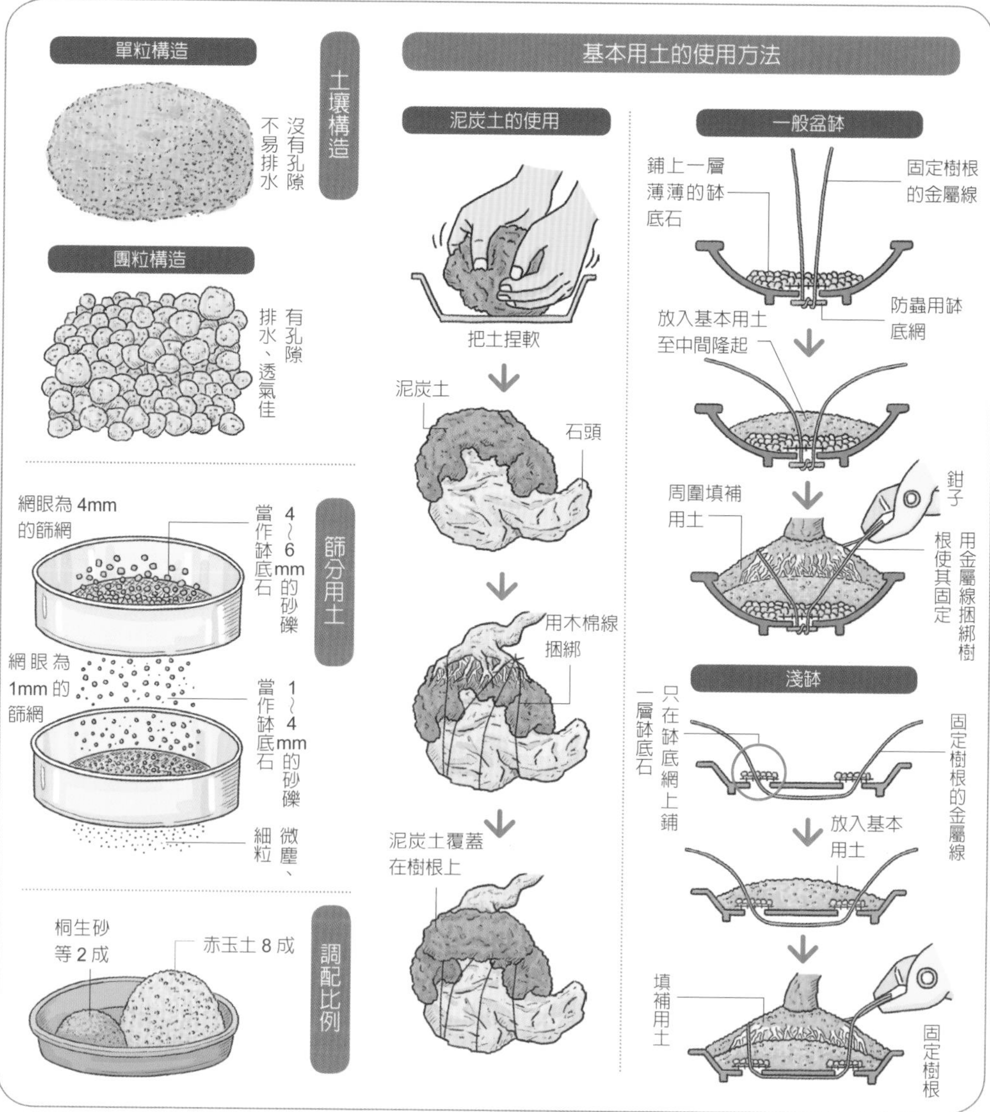

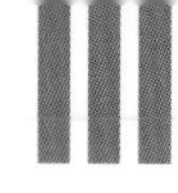

工具

盆栽的入門方式③

鐵線剪

用盆栽剪刀剪金屬線的話刀刃很快就會損傷，因此要注意。亦可用鉗子來代替。

盆栽剪刀＊

園藝專用的剪定鋏固然可以使用，但摘折較細的枝葉，盆栽剪刀會比較合適。

剪定鋏

當枝條變得愈來愈長時，就要用到比盆栽剪刀還要牢固，專門剪長枝的剪刀。

鑷子組＊

摘芽或修剪稍微有點長的葉子時很好用，是小品盆栽的必需品。使用特地設計成盆栽專用、附扁匙的小鏟子也很方便。

噴霧器＊

消除葉片水珠裡與背後的小蟲時能派上用場。用來噴灑液肥也很方便。噴嘴細長的類型可伸展到枝葉內側的細微部分，很好用。

澆水器＊

能拆下蓮蓬頭的比較方便。若想讓整個盆栽都澆到水，就要選擇孔數較多的蓮蓬頭，盡量避免流出的水壓會讓缽土流失的款式。

噴頭

＊剛開始需要具備的工具

思考要做什麼 挑選好用的工具

盆栽工具種類繁多，而且是以用途別取名。剛開始培植時並不會用到所有的工具。市面上有工具組，但貿然買下反而會不知道什麼工具要如何使用，更不清楚要什麼時候使用。

工具好不好用，取決於培養盆栽的空間、培養人的個性及習慣。價格昂貴的未必好用，不妨使用平常慣用的園藝用品與工具，需要時再慢慢購齊需要的工具。

每次用完後善加保養 就能相處一輩子

不管是多麼昂貴的刀具，若沒有好好保養，過沒多久就會變成一把鈍刀。尤其是盆栽使用的刀具通常都是用

鉗子

緊緊纏繞金屬線時會派上用場。亦可用尖嘴鉗。

金屬線（鋁線）

用途廣泛，除了纏繞，還能用來固定樹木與盆缽。準備數種粗細號碼的金屬線會比較方便。松柏盆栽（→P64～86）要纏金屬線時，銅線會比較好用。

叉枝剪

剪切較粗的枝條與樹根也不會產生瘤子的特製剪刀。

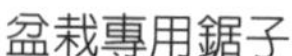

盆栽專用鋸子

用剪刀類工具裁切時樹幹或枝條若會裂開，就可用鋸子慢慢切割。

接木刀

處理枝條切口、削切或製作舍利幹時必需使用接木刀。

盛土器

將用土倒入盆缽時很好用的工具。

篩網

過篩顆粒大小相同的土壤、去除微塵時的必需品。亦有盆栽專用的篩網組。網眼大小琳琅滿目，可視需要選購。

缽底網

除了預防害蟲從盆眼進入，還能阻擋土壤流失。亦可覆蓋在表土上預防蟲子。

盆栽知識

盆栽旋轉台是一種能大幅提升修剪效率的工具。想要一邊轉動盆缽一邊環視枝葉的狀態，就需要一個大一點的盆栽旋轉台。若是小品盆栽，可用價格低廉的調味料旋轉台來代替。

放在調味料旋轉台上的小品盆栽（姬蘋果）。

其他工具

筷子	挑選圓頭的筷子。材質以不易折斷者為佳（例如竹筷）。插入用土時很方便。
標籤	可插入土中的款式。上頭可記載樹名與照料的日期。
磨刀石	用來研磨刀具。

掃把	小型的會比較好用。保持盆缽周圍清潔。
刷子	刷落枝幹的污垢
機油	用來保養工具
癒合劑	保護枝幹的切口
菜刀	將樹木從盆缽中取出或是切除結塊的根部時可派上用場。

來剪裁枝葉，每用過一次，就一定會沾上樹液。所以每次擦拭乾淨後，還要再塗上一層機油，這個步驟很重要。

另外，刀具變鈍一定要記得磨刀。磨剪刀的重點在於配合刀刃。手頭若寬裕，就請專業的磨刀師傅幫忙，這樣反而比較節省，而且也不會把刀具磨壞。

上等的盆栽工具累積了前人的智慧與苦心。尤其是刀具類使用的原料金屬質地愈好，價格就會愈高，也比較耐用，就算用一輩子也沒有問題。

盆栽的技巧

盆栽，是抑制植物的伸展能力，使其一直保持小巧、翠綠美麗姿態的技巧。接下來就讓我們好好學習盆栽獨有的技巧吧。

盆栽的技巧❶

換盆

透過「培養」與「創作」來調整換盆間隔

換盆的目的，是要整頓一個讓盆中樹根舒適生活的環境。盆缽裡的樹根若太過緊密，用土的顆粒就會破碎，導致排水、透氣變差，如此一來根部就會吸收不到水分與養分。所以當水無法從表土滲入，就是換盆的訊號。

然而在苗木「培養」的這段期間並不需要等待這個訊號，以「一年一次」爲換盆標準就可以了。切除衰弱的根後，再移植到大1.5倍的盆缽裡，好讓長勢強的根能舒展開來。

差不多要進入「創作」階段時，就將長勢強的根剪短，換至小一號的盆缽中。此時的換盆，以「2～3年一次」爲標準。短小強韌的根會先花一年的時間伸展，到了第二年再把儲存的力量發洩出來。這就是讓樹木更加強而有力的「創作」作業。

換盆後須細心照料注意養護

對樹木而言，換盆就像動

日本吊鐘花的換盆方式

1 從盆裡取出
培養在素燒盆中、以半懸崖樹形為構想。之前的換盆作業讓根部慢慢隆起，接下來要塑造成觀賞用的樹姿，故要移至尺寸小三分之一的盆缽裡培植。

2 鬆開缽障
距離上一次換盆才過一年，因此根系尚未布滿整個盆缽。用鑷子剔除舊土與細根，露出長勢強的根。鑷子要上下移動，注意不要傷到強根。

3 整理根群
差不多看出強根的量時，從根部剪下兩支較粗的根，切口削平。枝葉也順便修剪，分量配合根量。這個部分是抑制根部力量、需要「技巧」的作業。

了一場大手術。即便是強健的樹種，在確定長出新芽的這段時間，就算是療養時期。為了讓排水更加順暢，姑且可將盆缽稍微傾斜，置於妥

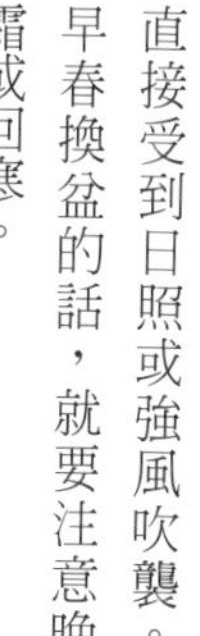

善的地點，盡量不要讓樹木直接受到日照或強風吹襲。早春換盆的話，就要注意晚霜或回寒。

如何固定鉢底網

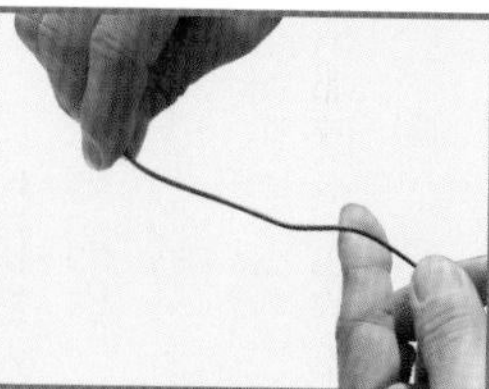

1 缽底網是為了避免植物在澆水或移動時偏離位置而用來固定的工具，每次只要用鋁線就可輕鬆完成。

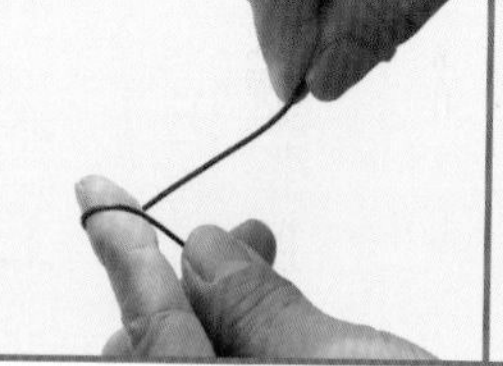

2 鋁線剪成適當長度後，三分之一輕輕繞在手指上，做出一個圓圈。

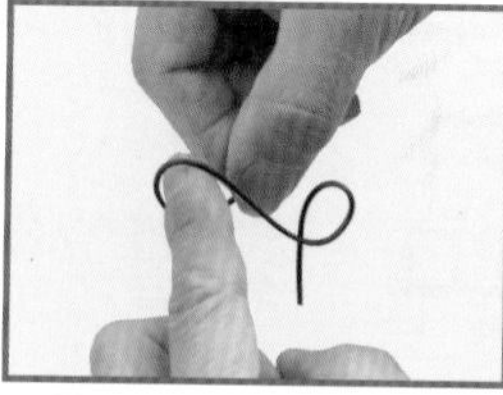

3 另外一側朝反方向做出一個圓圈，如此一來土壤與水的壓力會同時朝這兩個方向釋放，這樣缽底網就不會移動。

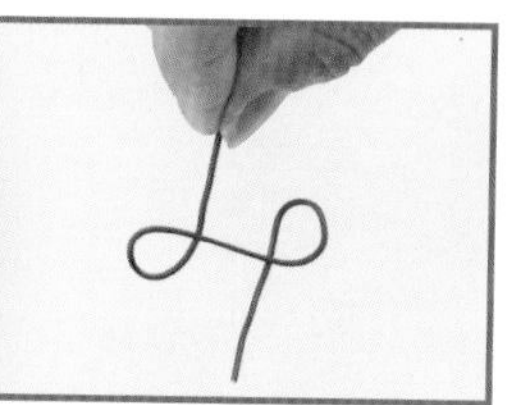

4 就像日文平假名「み」的形狀。圓圈的部分可壓住網子，不會產生縫隙。

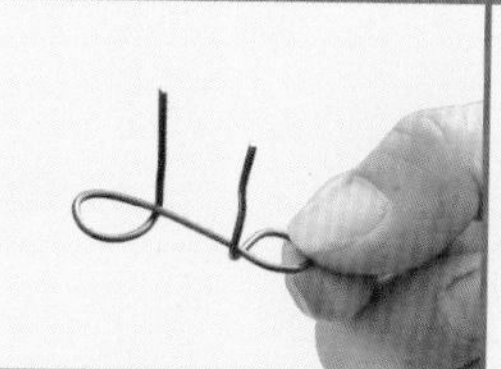

5 鋁線兩端折成直角，從盆缽內側穿過缽底網，如此一來就可避免害蟲入侵與土壤流失。

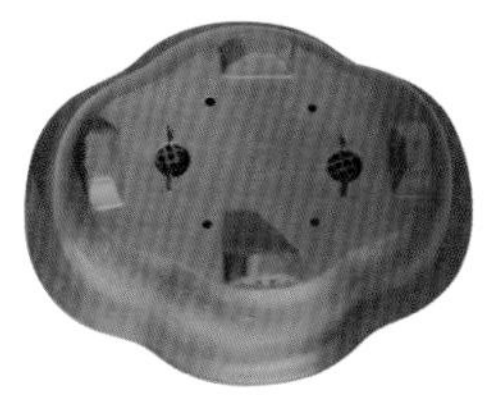

6 從缽底外側剪下多餘的鋁線，用鉗子緊緊地固定住。缽底的小孔是為了讓固定植株的金屬線能穿過而設計的。

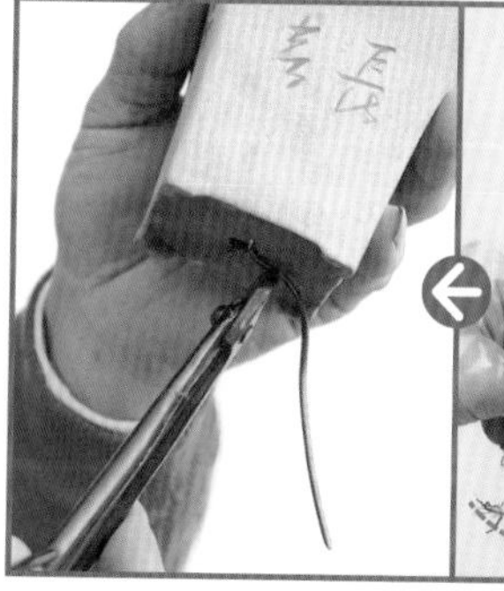

4 修剪根部

以在地裡最強韌的根為樹幹。為了培植出傾斜幅度大的樹形，粗根的其中一端要保留多一點根系。移植部分的根系長度一致，使其朝放射性的方向伸展。

5 準備盆缽

準備好缽盆後，用鋁線將缽底網固定在盆眼上（請參照上述的「如何固定缽底網」），接著穿過用來固定植株、長度略長的金屬線（盆缽若沒有盆眼，就從網眼穿過），倒入缽底石與一半分量的用土至盆缽中。

AFTER

植株根部放在已經倒入一半的用土上，用金屬線緊緊綁住後再倒入用土（→ P29）。接著慢慢插入筷子，讓土進入根系的孔隙中。鋪上水苔，以免表土乾燥，並且澆水，直到水從盆眼中滲出為止。

盆栽的技巧❷

摘芽、切芽

摘芽是摘下新芽讓葉片變小的技巧

每逢早春，新綠的嫩芽紛紛吐出的景色雖美麗，但在「創作」階段，這暗示著可準備進行摘芽作業（培養期間並不進行）。

第一次吐出的新芽充滿在冬季儲存的力量，伸展力很強勁，若任由它成長，枝葉反而會毫無止境地茂生。

第一次冒出的芽全部摘下後，過沒多久又會再長出新芽，不過第二次吐出的芽力道降了不少，形狀也比較小，所以展開的葉子不會太厚，能生成適合盆栽大小、樹姿均衡的葉片。

只有春天才會吐芽的樹種一年摘一次芽就好，但從春天到秋天會不斷冒芽的樹種就要不時地摘芽，讓葉片慢慢變小。利用這種方式抑制力量，不僅厚實的葉片會變薄，就連紅葉也會變得更嬌豔，展現出氣息高雅的姿態。

BEFORE

第一次紛紛冒出新芽的杉。為了培植出較粗的枝幹，奠定骨格，所以讓下方那些前年冒出的芽繼續伸展。

摘芽

第一次吐出的新芽伸展力很強韌，必須全部摘除。摘的次數視吐芽的季節而定。

從春天到秋天吐芽的樹種

杜松

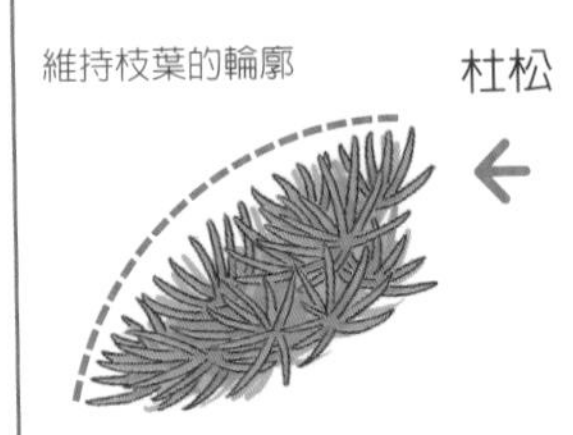

杉

真柏

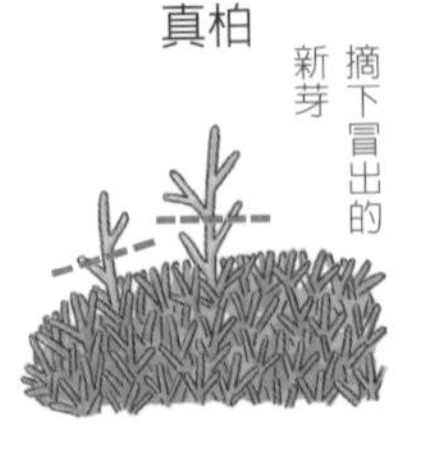

只在春天吐芽的樹種

赤松

留下三分之一的芽

蝦夷松

黑松

枝葉數量用除芽方式處理，長度用切芽方式調整

除葉片大小，枝葉數量與葉片長度也要趁嫩芽時處理。

吐出的芽數量太多或不希望冒出芽的地方卻吐出芽時就要除芽。培植盆栽時，通常會調整落葉樹的冬芽與松柏類第二次吐出的芽數量。

切芽是葉片較長的黑松與赤松在進行「短葉法（↓下圖）」不可少的步驟。先切下第一次吐出的芽，1週內或10天後再切下長勢強的芽，大小盡量與第二次吐出的芽一樣。

此作業趁早進行，之後人和樹都會變得輕鬆，而且還能觀賞到美麗樹姿。但有時會忙到沒有時間。遇到這種情況隔年再來處理也是盆栽的優點。就讓我們準備充分的時間，享受作業的樂趣吧。

如何摘取杉的芽

1 指尖捏住芽

指尖捏住黃綠色的嫩葉房。從葉房脫離的芽可留下兩三根。

2 摘芽

指尖捏著芽，直接拉下。重複相同步驟，把所有的新芽摘下來。

AFTER

全部的芽都摘下後，不久又會再長出第二批新芽，而且比第一次長的芽還要短。杉只有春天才會出芽，之後只要配合樹形剔葉或剪枝就行了。

「短葉法」不可或缺的切芽步驟

讓葉子較長的黑松與赤松第一次與第二次長出來的芽大小一致的方法。

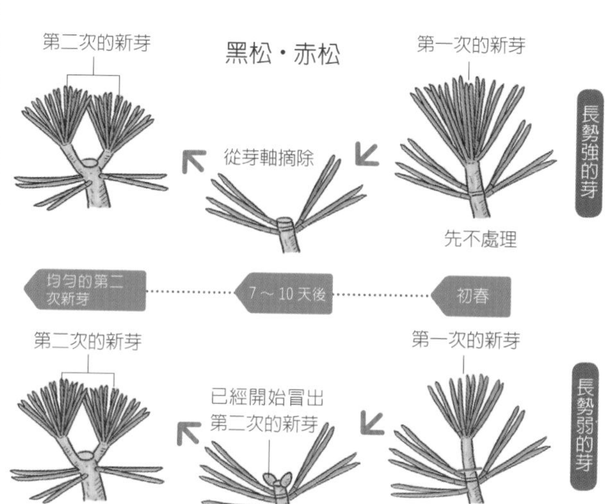

除芽

芽的數量太多或將不希望它長出來的地方冒出來的芽摘下的方法。

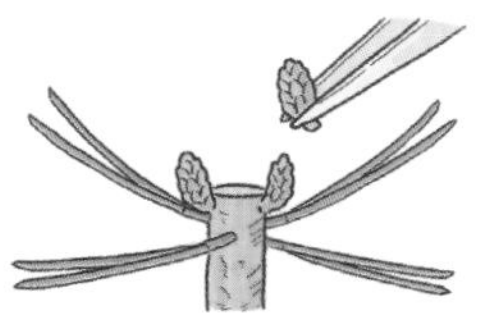

松柏

摘芽後又再長出的芽若太多，就把不要的芽摘除。

山毛櫸

將從枝根冒出的不定芽全部摘除。

盆栽的技巧❸

剔葉、剪枝

利用剔葉與疏葉來維持健康與均衡

葉子開始茂盛成長後，下方與內部的葉子會日照不足，無法透氣，這是導致生病的原因。所以松柏類要減少葉數，雜木類的葉片大小要裁剪一半，剪下上方較大的葉片，與下方的葉片大小齊一。也可修剪所有的葉片。

不過剔葉與疏葉會耗損樹木的活力，所以進行前必需充分施肥，使其充滿活力後再來進行。

剪枝可成就樹形要注意基本剪法

剪枝是塑造樹形的重要作業。修剪前必需先看清整個樹態。在從芽變成枝條的過程中，摘芽與疏葉同樣也是爲了防範未然而做的調整作業，廣義來講，這些都算是剪枝，只要平時細心照料，就不會突然冒出礙眼的枝條。

剪枝是沿著架構的印象整頓樹姿的作業。只要看著整棵樹的成長，自然就會看出應裁剪的枝條、可展露姿態的枝條，及將來能派上用場的枝條。需要趁早裁剪的枝條稱爲「忌枝」（→P37下圖）。最重要的，是枝條的剪法與切口的處置。塑造樹形時若因剪枝而導致樹木受傷，會是件很遺憾的事，所以就讓我們先了解剪枝的技巧，以及各個樹種適當的剪枝時期吧。

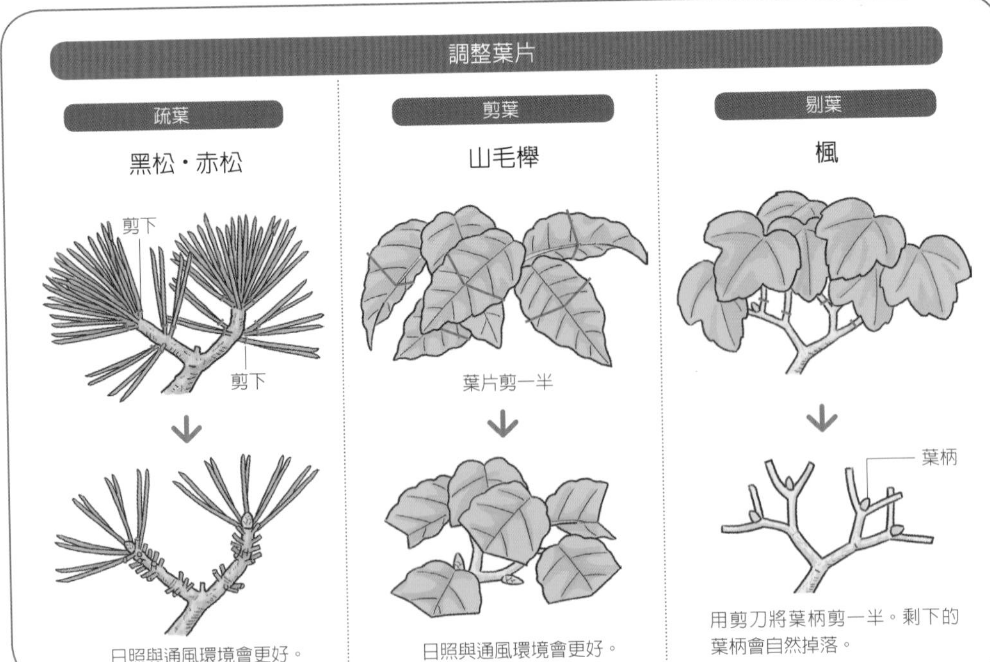

BEFORE

仔細觀察樹形整體的流線與樹幹的傾斜程度，保留流動方向較長的那一端，讓另外一端變短，大致剪出一個輪廓。

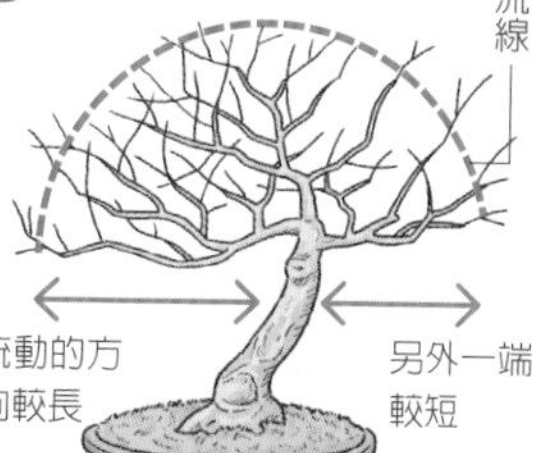

修剪樹幹
修剪第二要枝
修剪第一要枝

1 修整全體

主要枝條（樹冠、第一要枝、第二要枝）的每一叢都修剪出半圓形輪廓。

修剪忌枝
直立枝
向下枝
逆枝

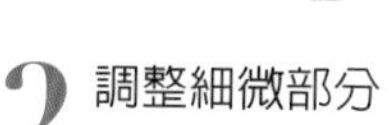

2 調整細微部分

剪除向下枝、直立枝與逆枝等醒目的「忌枝」，傷口大的地方塗上癒合劑保護。

AFTER

可看清每一根細枝，整體呈放射線朝上伸展。以半圓形為目標修正的枝條描繪出不等邊三角形的形狀，十分安定。

盆栽的忌枝

造就樹形時不太美觀的忌枝要趁早剪下，並且適當處置。

交叉枝

剪除其中一根，避免交叉。

車輪枝

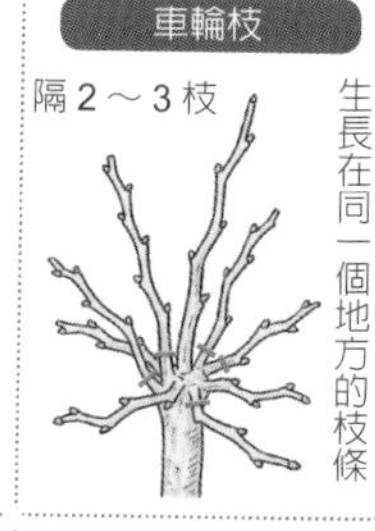

腹枝

直立枝

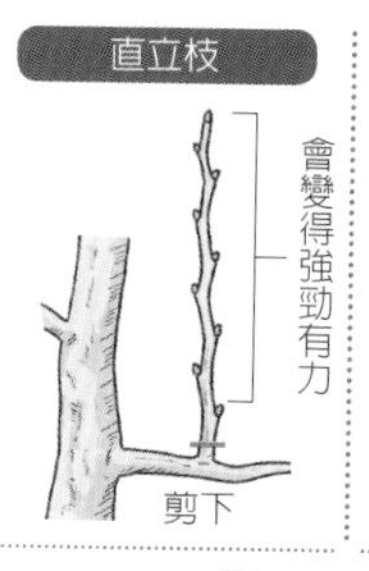

向下枝

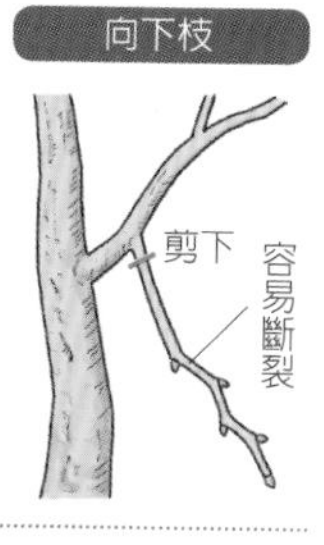

蛙腿枝

彎曲成 U 字形的枝條

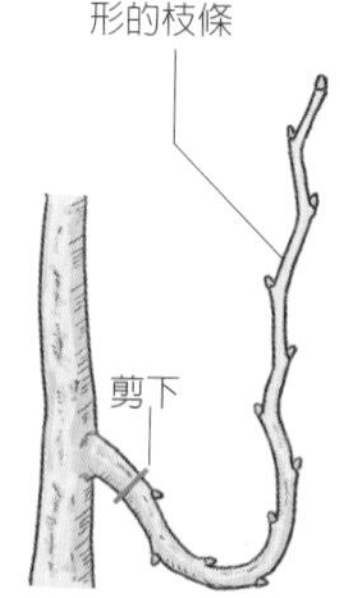

若不能用金屬線矯正就把它剪下來，改變方向。

幹前枝

朝正面生長的枝條

位置較低的枝條會遮住樹幹，最好剪下。

股枝

好的枝條

剪下

平行枝

剪掉其中一根

在距離相近的地方朝同個方向長出的枝條

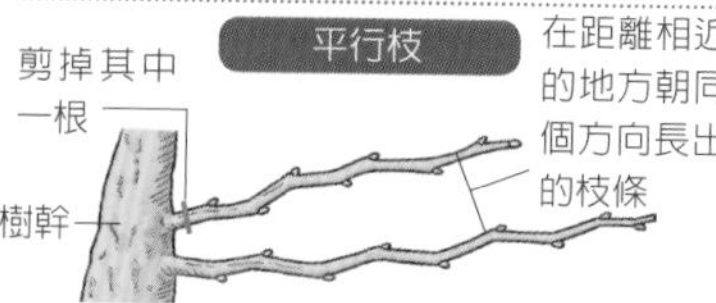

逆枝

利用剪裁來改變方向

朝樹幹伸展的枝條

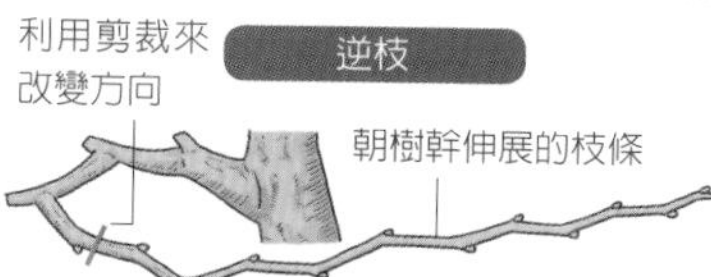

閂枝

在同一個位置上朝左右兩側伸展的枝條

剪下其中一根，使其互生。

盆栽的技巧❹

纏線

塑造樹形外也會用到的金屬線是盆栽必需品

纏線是塑造樹形的技巧，可是硬拉就算枝條沒有斷裂，也會傷到內部組織。所以在「培養」階段可纏鬆一點，或視情況再來決定要不要纏。

儘管如此，金屬線依舊是盆栽的必需品，因爲它除可固定鉢底網（→P33）、讓盆中植株更加牢固，還能把盆鉢捆在架上，以免被風吹倒。方便好用的鋁線可準備3種不同粗細的款式。金屬線的號碼愈大就代表愈細，以盆栽來講，使用的鋁線或銅線通常爲10號（直徑3.2㎜）～24號（直徑0.5㎜），也就是以需要纏繞的枝條其直徑的三分之一爲標準。

順其自然地矯正是纏線的基本

纏線的目的，是爲了矯正枝條伸展的方向。若放著不管，所有的枝條都會朝日照充足的上方伸展，使得枝葉茂密生長，這樣反而會產生陰暗處，導致下枝因爲日照不足而變得衰弱，如此一來就無法形成均衡的樹形。

剛開始纏線時，先讓每根枝條自然擴展開來，所有枝葉都能沐浴在充足的陽光與風下爲目標。不需強硬彎曲，作業時記得確認枝條是否會朝容易彎曲的方向伸展。

BEFORE

利用摘芽與剪枝維持樹形的姬石榴，枝條全都傾斜朝上方伸展。

姬石榴的纏線方法

一條金屬線朝兩個（2支）不同方向的枝條纏繞

金屬線尾端繞到枝條上方的話，就將其向下彎折

1 繞線

最下面的枝條很粗，故先將較粗的金屬線（鋁線）在樹上繞個圈，掛在樹上，再從枝根朝樹幹纏繞。

2 纏線

繞一圈後將金屬線掛在枝根上，其中一條纏在樹幹上方，另外一條纏在下枝，讓枝條在伸展時，需要彎曲的地方上頭有金屬線纏繞。

1 鋁線從缽底底部的小孔穿過。有兩個小孔時就各穿兩條。

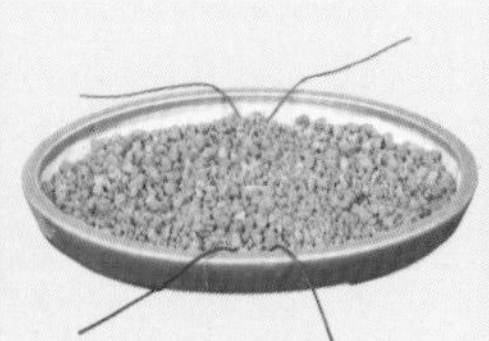

2 拉開鋁線後倒入缽底石，視植株大小與支撐方式來增減條數。

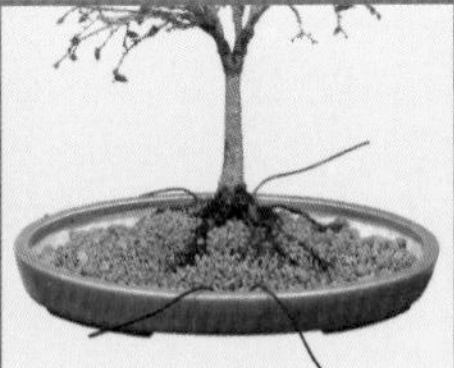

3 放置植株（以櫸為例），起先用手彎折，輕輕將其固定，盡量不要傷到植株。

4 位置決定好後倒入一半的用土（→ P28），尾端用鉗子緊緊擰轉固定。

AFTER

如何利用金屬線

做成 U 字夾，保護盆栽

將驅蟲網固定在表土上

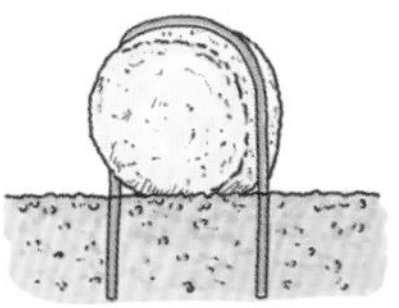

固定固體肥料

將盆缽整個固定在層架上，以免被風吹倒

3 補上一條金屬線

這根下枝要當作第一要枝（→ P22），為了加強彎曲，故再補上一條金屬線，並按照相同方式纏繞補強。

4 更換鋁線粗細，繼續纏繞

視枝條的粗細在中途更換適當尺寸的鋁線。細枝前端用直徑 1～0.5mm 的鋁線輕輕纏繞。使用不同尺寸的鋁線時，要重疊纏繞 1～2 圈。

5 修整樹木

一邊纏線一邊不斷地觀察樹木整體的感覺，剪除多餘的枝條與長勢強的嫩芽。

纏線的訣竅

纏繞兩根枝條時

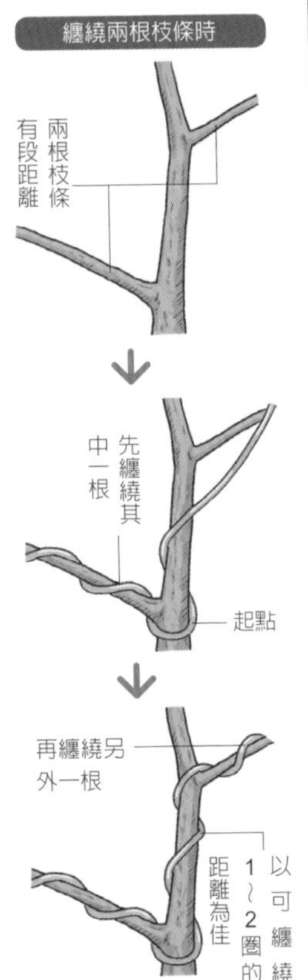

一根枝條纏兩圈

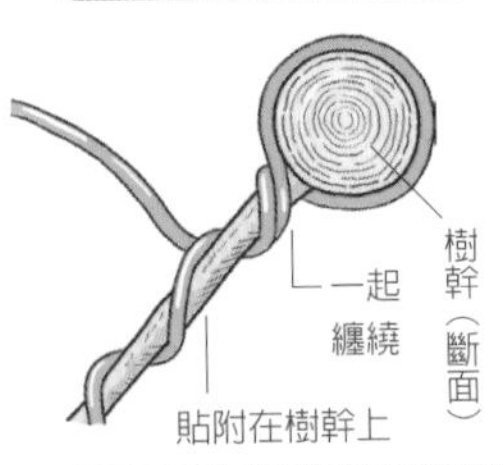

遮掩的技巧

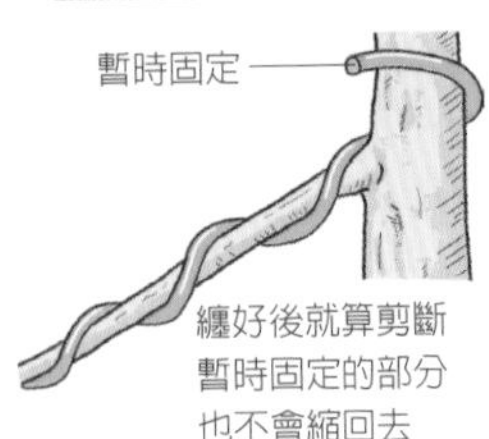

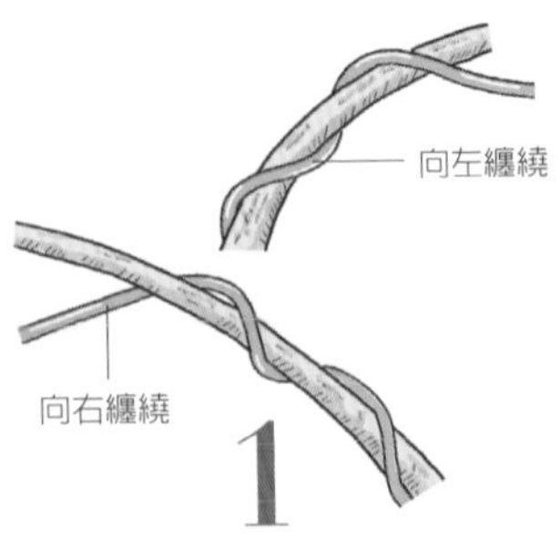

1 彎曲枝條決定方向

想要讓枝條朝左彎曲時就向左纏繞，朝右彎曲時就向右纏繞。

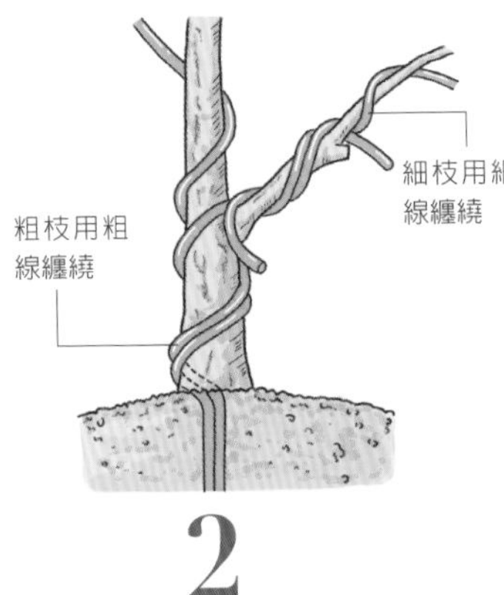

2 開始纏繞金屬線

金屬線插入土中，以此為起點，由後方朝前方纏起。一定要從粗枝纏到細枝、從枝根纏到枝梢。

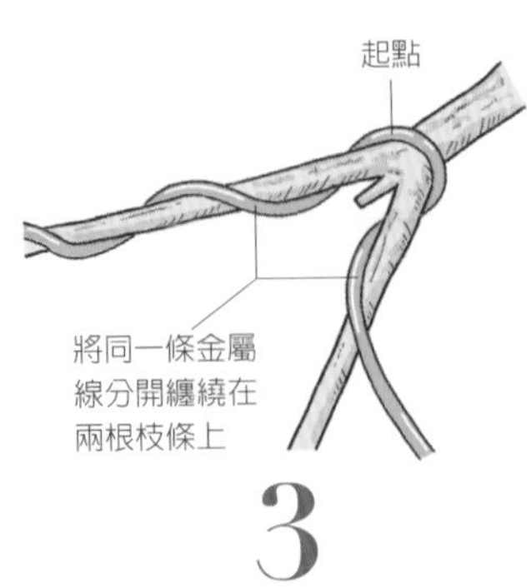

3 金屬線掛在枝條分岔處

從枝條分岔處纏線時，金屬線要先繞一圈掛在枝根上，讓這一條金屬線分開纏繞在兩根枝條上。當枝條變得愈來愈細時，就要更換金屬線的尺寸。

4 彎曲枝條

金屬線用大拇指指腹壓在枝條上，彎曲部分的外側要纏上金屬線。盡量不要纏得太鬆或把枝條折斷。

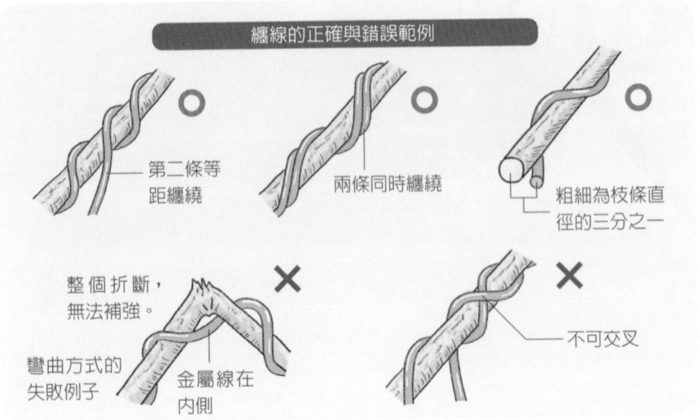

了解枝條原本的長向 有效纏繞金屬線

用手輕輕彎曲枝條，就會知道枝條原本生長的方向。若將金屬線纏繞在無法用手彎曲的方向，這樣反而會讓枝條斷裂。

所以平時就要用手確認枝條彎曲的方向，練習纏線，塑造樹形，這點很重要。只要把金屬線纏繞在枝條容易彎曲的地方，塑造樹形時會更順利。

骨格固定後 塑造細枝的形狀

樹還小時樹幹柔軟，此時纏上金屬線可帶來極大的效果。但相對地內部組織同樣也很柔軟，很容易受傷，所以纏線時要鬆一些，大膽地定住樹幹與粗枝的方向，慢慢形成樹形的骨格。不過這段期間正好是樹幹與枝條不停生長的時期，所以要趁早拆線，重複纏線這個作業，以免金屬線在樹皮形成勒痕。

拆線時可用鉗子或針金切（盆栽鋏）把金屬線剪短，但用過的金屬線不可再重複使用。

樹幹與枝順固定後，接下來要纏繞可讓細枝整個攤開的金屬線。將細線纏繞到枝梢，最後再用鉗子或鑷子收尾。松柏類當中，五葉松的芽並不會向上，因此必須纏線進行「萌芽」這個矯正作業。

大幅改作時 要保護肌幹與枝條

若不是要慢慢地塑造樹形，而是要讓變粗的枝條有點變化的話，可利用金屬條來牽拉或是壓推。

不過這時候對樹木會造成相當大的負擔，所以在纏線前必須先套上一層橡膠或塑膠管，以免傷害到樹木（→P183）。

枝根的彎曲方式

枝條呈銳角向下纏繞
〈松柏類〉

枝條略往上拉再向下纏繞
〈雜木類〉

如何纏繞分岔枝

起點

起點

如何補上金屬線

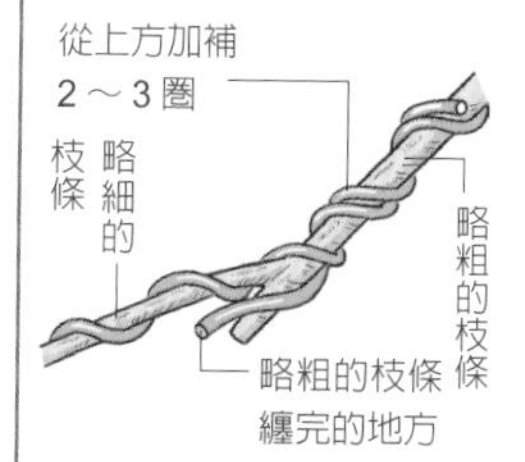

如何轉換金屬線的方向

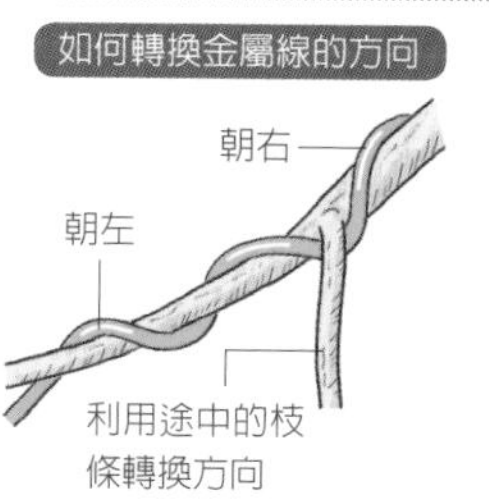

如何固定枝梢

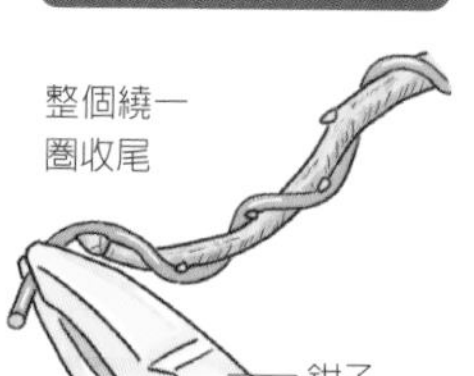

被金屬線勒傷的處置方式

金屬線勒著的地方會形成傷口，導致兩側隆起。隆起的部分削平後，再塗上癒合劑即可。

隆起的部分用刀子削平

癒合劑

勒痕

如何拆線

彎曲幅度大的地方金屬線會很容易在樹皮上形成勒痕。若開始出現勒痕，就用鉗子拆線或先用針金切（盆栽鋏）把金屬線剪斷，再用手把線拆下來。

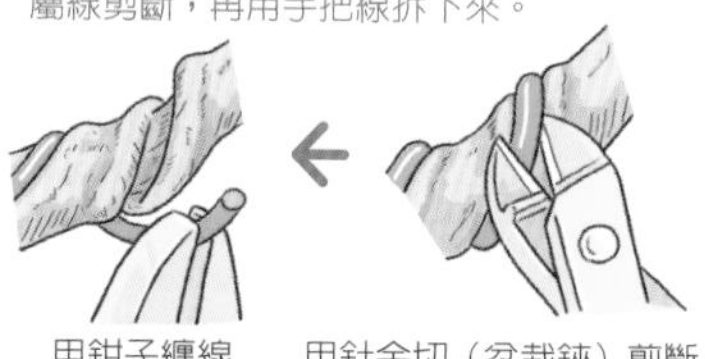
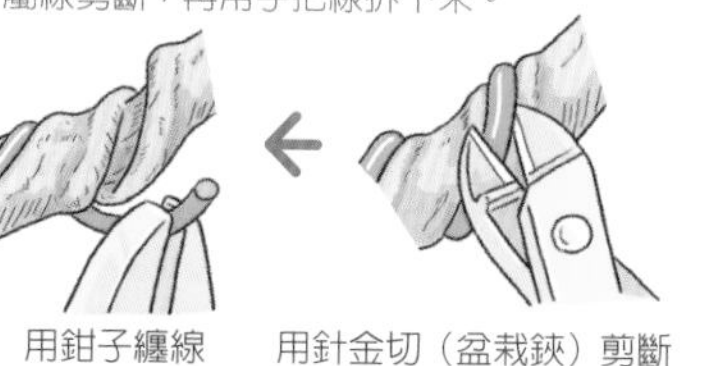

盆栽的技巧❺

繁殖方法

繁殖盆栽素木的方式有好幾種。就讓我們利用分株與插枝（扦插）這兩個方法來繁殖與健壯的母樹有著相同性質的子樹。

分株法

趁換盆時繁殖素木

茂盛成長的草木不管是根莖還是枝葉，沒多久就會長滿盆缽。在將樹木換至更小的盆缽時，只要仔細觀察枝條與根，加以細分成好幾株，就能得到不少樹姿有趣的素木。

從根部吐芽的株立性樹種雖可採伏根（→P191）方式繁殖，不過利用分株法會比較簡單。所以花草較多的

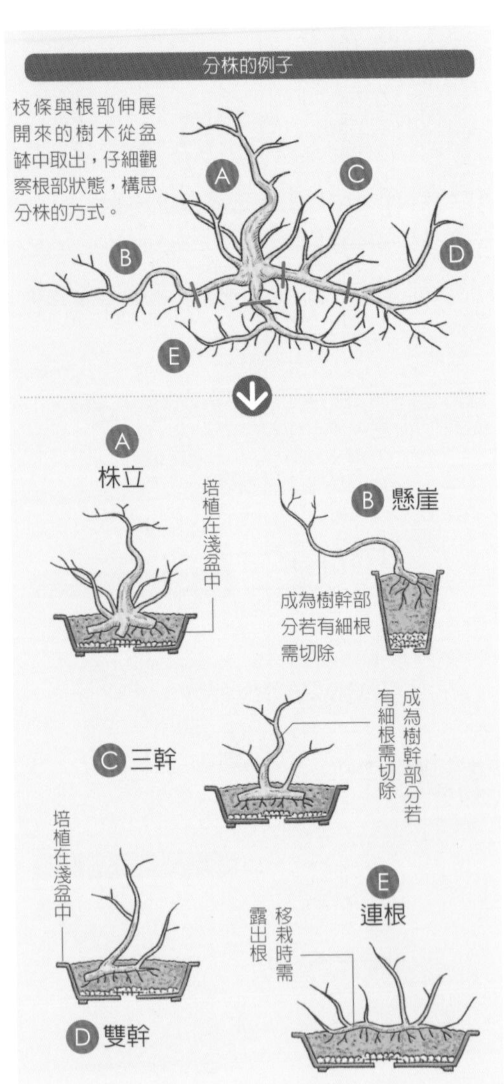

分株的基本

1

分切植株

用剪根專用的剪刀分切主株。剪下來的部分有吐出的綠芽，根也十分茂盛。

2

繼續分株

剪下來的部分換個角度仔細觀察，分剪可再細分的新株。

從一株細分成三株。切口要記得削平。以根部為主幹的話，佇立時會出現自然的彎曲樹姿，十分有趣。

植物只要將植株分切，就可繁殖出好幾株。

不會對母樹造成負擔 繁殖繼承優點的樹木

插枝法

插枝（扦插）使用的是剪下的枝條，可輕鬆得到不少素木。這種繁殖法用在松柏類上有點困難，但若是雜木類，成功率卻很高。

只要將有趣奇特的枝條插入土中，佇立後就能享受塑造樹形的樂趣。不僅如此，這種方式還能直接繼承母樹的性質，所以葉性好的樹木不妨利用插枝法繁殖。

插枝適期一年有好幾次。春插（古枝插）會在初春換盆時進行。梅雨插（綠枝插）是在梅雨季插入活力充沛的新梢。夏插則是在7～8月插入常綠樹的直立枝。

此外，玫瑰科樹木適合秋插。

櫻樹的插枝繁殖法

1 櫻樹的梅雨插。剪枝時盡量從長勢強的新梢當中挑選葉片間距短的枝條當作插穗。

2 插穗挑好後浸水30分鐘，使其更容易生根。插入水中就能生根的樹種可在上頭蓋上一層水苔，等待生根，以免插穗浮起。

3 盆缽中倒入清潔用土，浸泡在剛好齊高的水裡，插穗做好後一根一根地插進土中。較大的葉片至少裁剪一半。

4 插好後將盆缽從水中拿起，放入水的高度不會接觸到土中插穗尾端的容器裡，之後只要補充底盆的水（底盆給水→P45）直到生根為止。

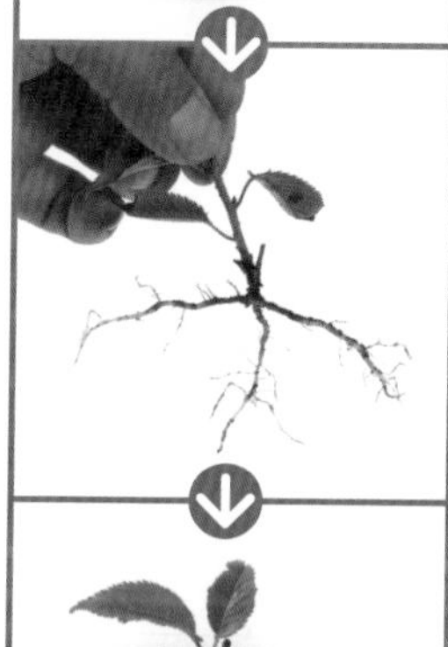

5 生根可藉由根部是否露出盆底來判斷。換盆時雖可等到根部長到某個程度後再來換，但要注意的是根部若一直浸泡在水中會變得虛弱。

6 將已經生根的苗木移植至較大的素燒盆中，培植出茁壯的根部直到明年的換盆時期為止。

春插的方法

換盆時剪下的枝條均衡地削短，當作根部形狀有趣的插枝，充分利用。

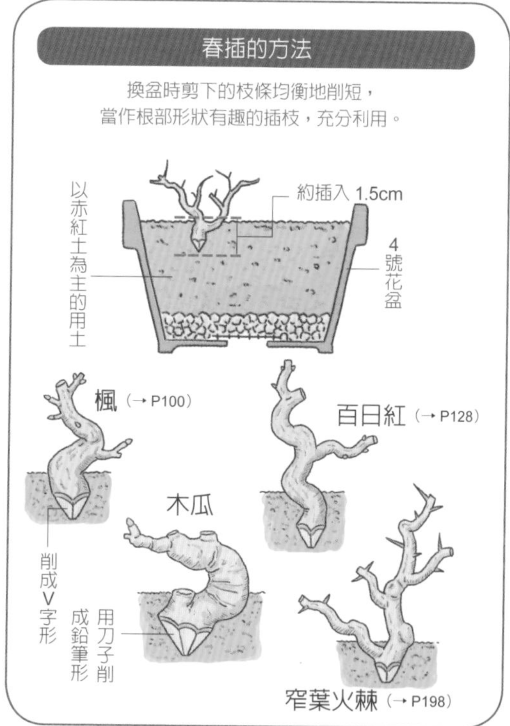

不同種子有不同個性
充分體會植物的生命力

播種法

一顆小小的種子從發芽到成爲知道整棵樹生涯的盆栽會格外讓人憐惜。播種時樹木的個性還是一個未知數，就算是出自母樹，也有可能培植出超越想像的優秀樹木。

素木的種子意外常見。像是在山野與河畔、公園、寺廟等處撿得到的果實可是不勝枚舉。雖不可明目張膽地爬上公共場所的樹上摘取，但找尋掉落在地上的種子與果實卻是項有趣的戶外活動。

至於種子的保存方法，濕潤的種子（有果肉）與乾燥的種子（有莢殼）均不同。

濕潤的種子一旦乾燥就會變得不容易發芽，因爲果肉含有抑制發芽的物質，所以要去除果肉，直接播種，

種子的處理

保存種子

置於冰箱或蔬菜室（約 5°C）保存

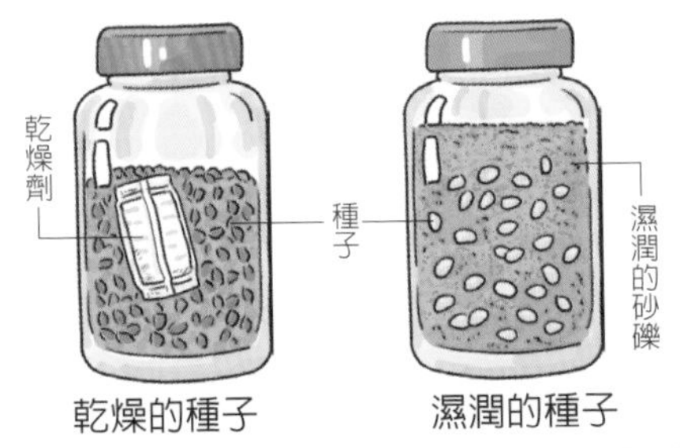

乾燥的種子

裝入紙袋中的種子連同乾燥劑一起置於瓶中儲藏。

濕潤的種子

種子與濕潤的砂礫混合後裝入袋中，再置於瓶中儲藏。

採取種子

有外殼的乾燥果實

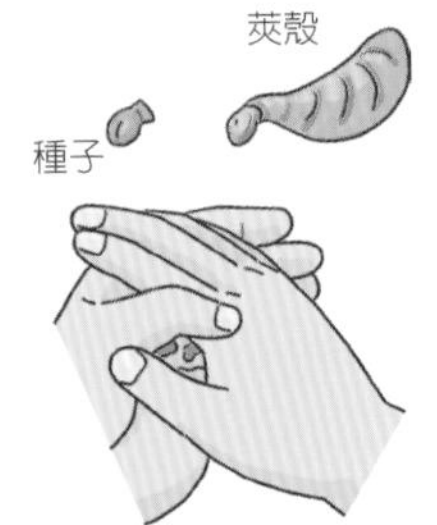

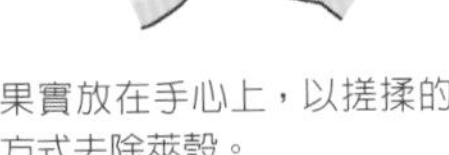

果實放在手心上，以搓揉的方式去除莢殼。

有果肉的果實

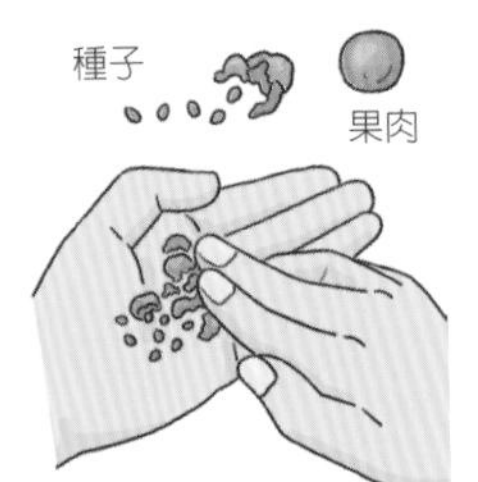

果實放在手心上將果肉壓碎，去除因為水而殘留的果肉與半透明的發芽抑制物質。

播種方式

蓋紗網

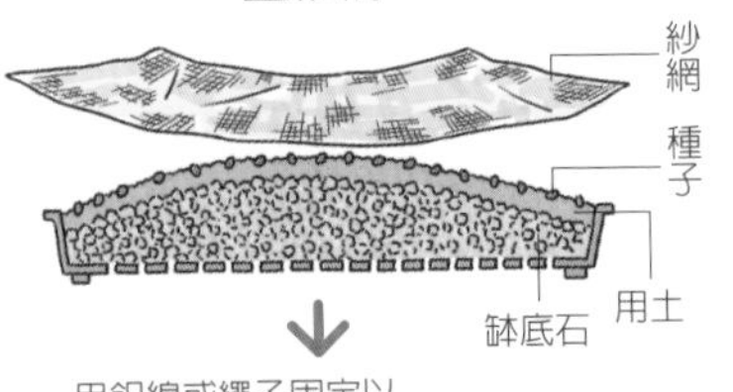

用鋁線或繩子固定以免紗網浮上來

讓樹苗彎曲的方法。根部會伸進缽底石的縫隙中，樹莖會朝紗網延伸的方向彎曲，自然形成曲幹的姿態。

種子多時

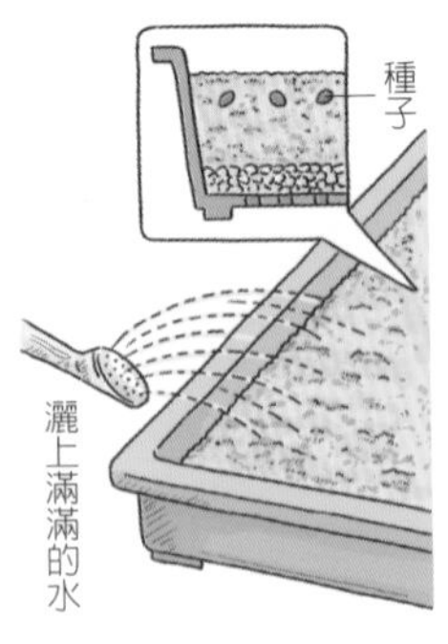

撒在育苗盆中。盡量使用孔洞小的澆水器澆水，以免種子飛散或是鬆動到土壤。

種子少時

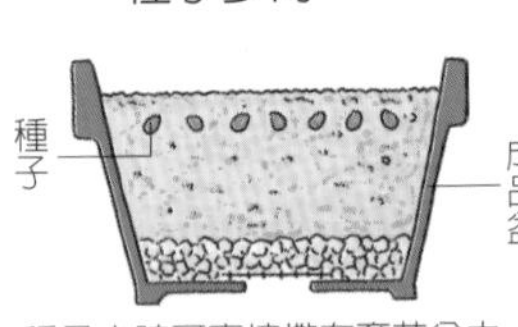

種子少時可直接撒在育苗盆中。盡量不要讓種子重疊。

用刷毛均勻地讓種子分散。

不然就是與濕潤的砂礫一起保存。相反地，乾燥的種子保存時要放入乾燥劑以防潮。

種子只要遇冷，發芽率就會提升，所以可放入冰箱保存；若要直接去果肉播種，就將盆缽放在戶外過冬。播種後，接下來就要注意土壤有沒有變乾。

播種的魅力，就是從極爲幼小的苗木來塑造主幹佇立的樹姿。主幹若是太粗，就不好纏線，所以趁樹木還是幼苗時「蓋紗網」或移植時纏線都能展現出效果。

想要塑造直幹或掃立等樹形時，樹幹若是筆直伸展會長的太高，因此要利用「切軸」這方法來塑造幹基較短的樹形。

切軸插芽時爲避免插穗倒塌，培養時要採用底盆給水這個方式，好讓根從缽底吸收水分。

播種的例子

1 前年秋天採收的南蛇藤種子要在春天播種。去除果肉與發芽抑制物質，與濕潤的砂石混合後冷藏保存。

2 種子的特寫。顆粒比砂礫稍大、外型呈長橢圓形的就是種子。雖還有一些果皮，不過發芽抑制物質全部都去除了。

3 缽底石多倒一些在淺缽裡，鋪上一層薄薄的基本用土（顆粒小的赤玉土）後，盡量將種子連同濕潤的土均勻地撒在上面。

4 種子撒好後確認是否疊在一起或黏成一球，有的話，用刷毛輕輕攤平。

5 覆蓋一層薄薄的基本用土。填土時要慢慢倒，盡量不要動到種子。

6 這次到這個階段並沒有「蓋紗網」，所以幼苗全都朝陽光筆直生長。長到這種高度再蓋上紗網也不遲。

切軸插芽

想要塑成直幹（→ P23）或掃立（→ P25）樹形的苗木培植出低矮幹基的方法

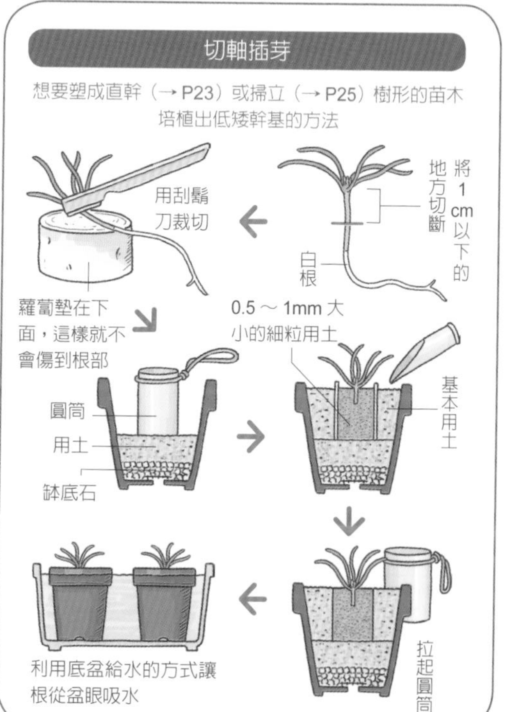

重新塑造樹形
立刻成形
壓條法

樹形成長緩慢，或樹幹遭到蟲害時，從樹幹或粗枝中間讓根長出來，重新塑造新樹形的技巧。有環狀剝皮法、薄削法與緊綁法等。採用此法最重要的條件，就是希望樹木恢復活力，以及能描繪出壓條後的構想。

櫸榆的壓條方式

1

櫸榆用環狀剝皮法削好皮後，用沾上發根劑的衛生紙條捲起來（→ P96～98）。

2

切口用濕潤的水苔包起來。用土壤包時，先將塑膠袋在樹上捲成杯子狀後再把土倒入。

3

用透明塑膠袋捲起來就可從外側確認發根的狀況。

4

捲金屬線時，上方鬆綁，下方緊綁，並且在下方鑿幾個小小的排水孔。

5

利用玻璃吸管或像照片中沒有針頭的注射器來澆水（發根後的處理方式→ P99）。

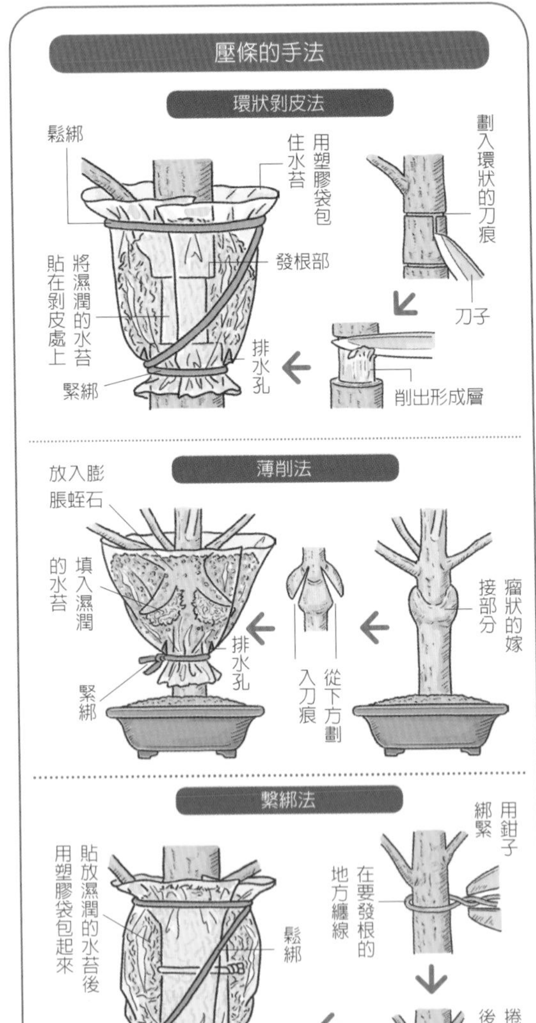

手法琳琅滿目
盆栽的最後手段

嫁接法

嫁接在園藝界中是一個很有趣，而且手法琳琅滿目的繁殖方式。但這個方法所造成的接頭很明顯，若是很強調枝幹自然美的盆栽，則不適用這個方式。

這方法是從葉性、開花、結果狀況都很良好的樹木切下接穗後接在牢固的砧木上。找不到好的枝條就想不出好的樹態時，不妨把這個方法當作「最後手段」。插枝法會透過嫁接法來培養不容易生根的樹木，等樹木長得十分強壯後，再利用壓條法來拆卸砧木。這麼做也算是一種絕招。

不管採用哪一個手法，最重要的就是砧木與接穗的形成層必需緊密接合，盡量不要砍斷輸送水分與養分的道路。

切口盡量削平，並且用塑膠袋緊緊套住以保持濕潤。作業迅速，完成後也要善加管理，盡量別讓切口變乾。

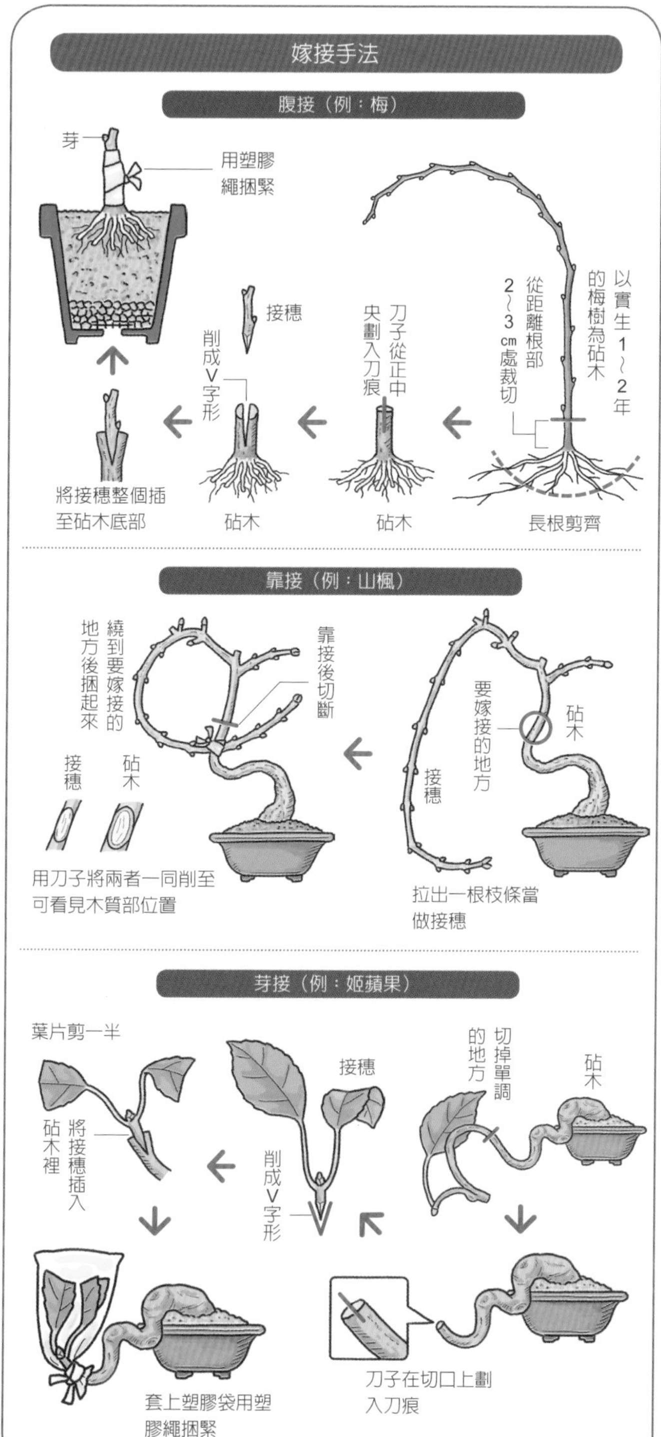

盆栽的管理

想要讓盆栽茁壯成長，保持美麗要靠每日的修剪與觀察。就讓我們配合生活養成不斷努力的生活節奏吧。

盆栽的管理❶

置場

配合生活，找尋置場

與其放在特別的置場，一開始在日常生活當中找一個最想放盆栽的地方反而比較重要。就算對盆栽來說並不是一個理想的地方，但還是先將其放在最喜歡的地方，觀察兩個禮拜再看看。

倘若盆栽明顯沒有活力，那就換個地方；若只是沒有什麼變化，這說不定代表著盆栽正在適應環境的改變。

儘管自然界的環境千變萬化，但草木都能充分發揮適應能力。植物如此英勇的模樣，也是盆栽的觀賞對象。只要靠植物的適應力再加上人類的細心照料，不管置身何處，都能享受到觀賞盆栽的樂趣。

尤其是小品盆栽，不僅不占空間，而且移動方便。在不影響生活條件下，就讓我們在身邊擺一盆盆栽看看吧。

享受等待的時間 擁有盆栽的生活

植物變化緩慢，並不會立刻出現結果，所以等待是盆栽最大的一項要素。增加樹姿風格不僅耗時多年，然而就算失去活力，也不會立刻枯萎。

所以在每日的生活週期中享受植物時間是件很有趣的事。

容易應對寒暑颱風的方法

日本四季變化大，必需懂得如何應對每個季節的到來。盆栽數量若是增加，準備一個等同層架的棚子會更方便。架好後只要掛上避免直接日照的黑網與防護網，使其能

調整日晒（右）

炎夏可預防陽光直射以及西晒的黑網。顏色與網眼大小不同，遮光率也會有所改變，因此要配合目的來挑選。黑網不但可預防高溫以及抑制葉片水分蒸發，還能預防乾燥。

防護網（左）

可避免鳥獸偷吃開始變色的果實與花苞，預防體型較大的害蟲入侵的網子。建議挑選明亮、不會阻礙日照的顏色。

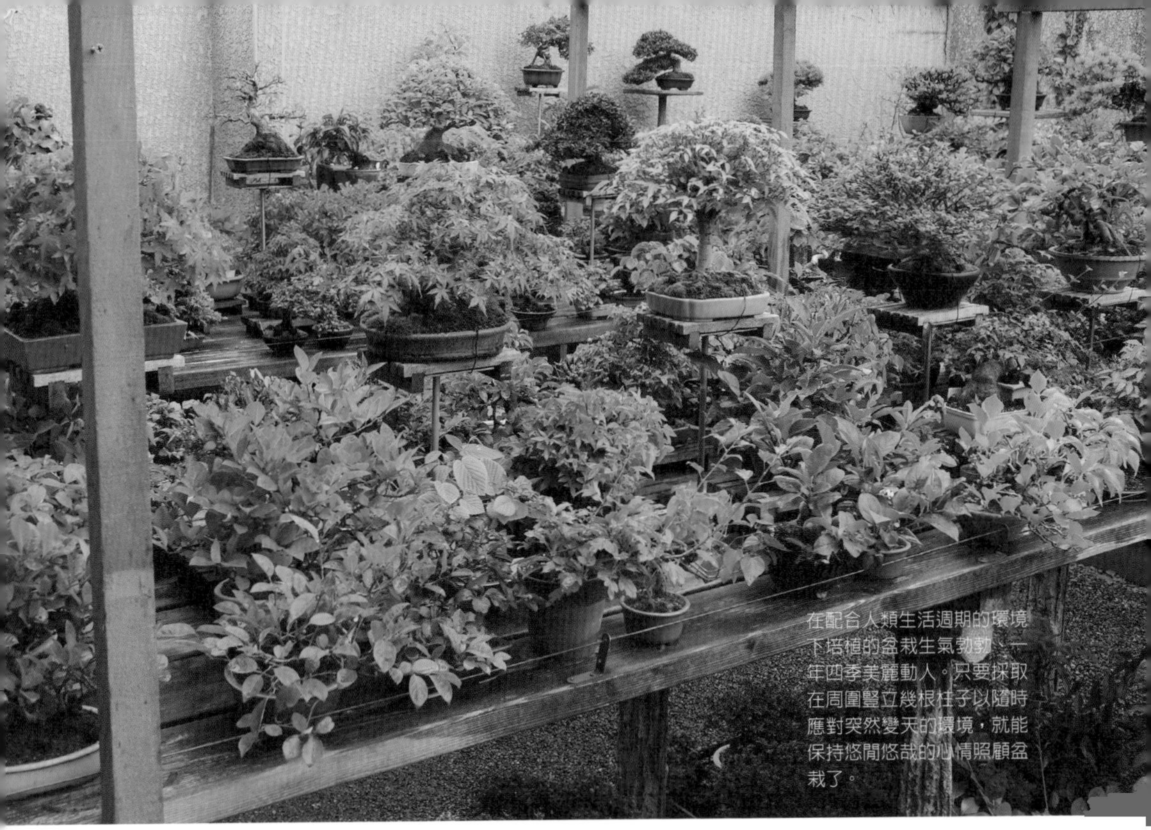

在配合人類生活週期的環境下培植的盆栽生氣勃勃，一年四季美麗動人。只要採取在周圍豎立幾根柱子以隨時應對突然變天的環境，就能保持悠閒悠哉的心情照顧盆栽了。

輕鬆掀起就行了。至於防寒與應對颱風，準備一張略厚的塑膠布也很方便。

有了棚子，盆栽就能隨時搬到下方避難，也可用鋁線固定在層板上。不過陽台上容易乾燥，夏天晚上要記得澆水或噴葉水來應對。

如何設置置放場所

架設盆栽架的例子

層板
水泥柱腳

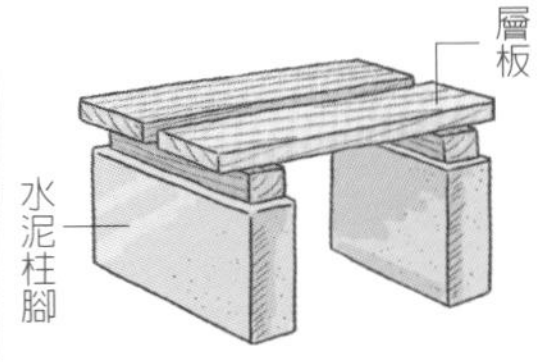

較大的層架最重要的就是要架設穩定牢固的柱腳。

簡單設置盆缽置放處的例子

層板
水泥磚2層
方材

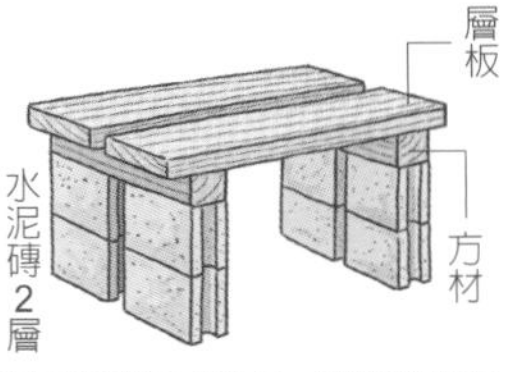

較厚的層板可吸水、保持適當濕度，還能避免日照反射。

置放袖珍盆栽的例子

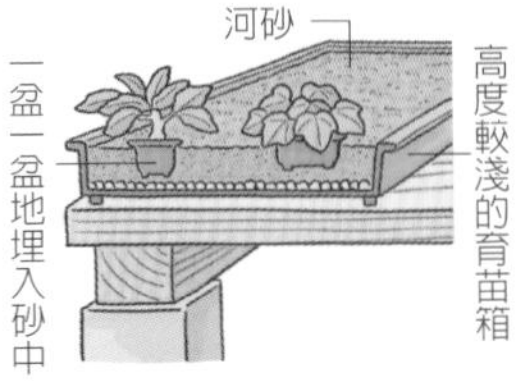

河砂
一盆一盆地埋入砂中
高度較淺的育苗箱

袖珍盆栽裡的土短時間就會變乾，要盡量保持濕度。

設置小品盆栽置放處的例子

鐵線圍欄
層板
假木

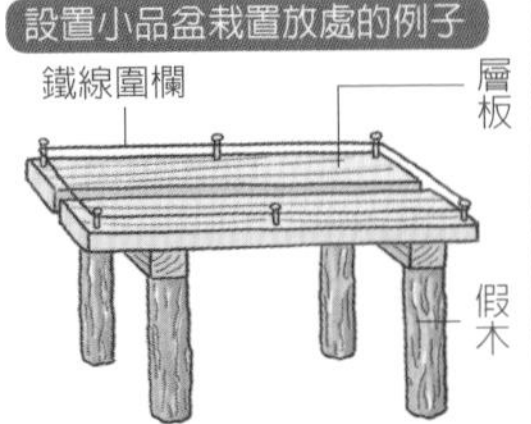

小品盆栽的盆缽容易因為風或水勢而傾倒，要隨時注意，以免掉落。

置放場所的重點

- 先在身旁找一個想要置放的地方。
- 至少觀察兩週。
- 營造一個方便每天照顧的環境。
- 設計一個容易應對季節變化、天然災害與蟲害發生的格局。

澆水

盆栽特有的乾燥現象與應對方式

澆水的基本準則是「只要表土變乾，就要澆上滿滿的水，直到水從盆眼中流出爲止」，不過這是以可每天持續不斷澆水爲前提。

其實光看表土是無法掌握盆中狀態的。尤其是在陰雨綿綿的日子，就算土壤表面濕潤，卻還是經常出現水分完全沒有到達根部的情況。

盆栽的盆缽通常以淺缽居多，使得土壤很容易變乾，而且水分往往在還沒有抵達根部前就整個蒸發。所以注入的水未必會全部被根部吸收，這點要注意。

根部必須同時吸收水與空氣，可是水分一旦不足，根部組織就會受到損傷，甚至無法吸收水分。一旦表土濕潤，根部缺水的情況一直持續下去，過沒多久植物就會整個枯萎。

爲避免這種情況發生，澆水時一定要拿起盆缽，記住澆水前與澆水後的重量差多少這點很重要。不只是重量，還要用手指輕壓表土，感受一下土壤的觸感與味道，這些都是了解盆中狀態的指標

配合生活週期，營造不缺水環境

對盆栽來說，最理想的方式就是每天澆水2～3次，但在實際生活中未必能如此。

用水管澆水

夏天或是容易乾燥的春秋兩季在澆水時要一邊觀察情況，一邊讓整株盆栽都澆到水，若能順便調整濕度或溫度會更好。從略高的位置以柔和的水流大量灑水。

用澆水器澆水

使用孔洞較小的蓮蓬頭，以下細雨的水勢來澆水。從略高的位置灑下大量的水，而枝葉茂密的盆栽在澆水時，可單手拉近葉片再澆。

缺水的訊號

因為缺水而枯萎的盆栽。只要事先做好適合自己的澆水方式，就能避免這種情況發生。

對小盆栽而言，缺水是攸關生死的問題。植物在枯萎前一定會發出 SOS 訊號，要多加留意，不要錯過。葉梢出現枯萎的狀態，通常是根部過於密實或是受到損傷，所以無法完全吸收水分的訊號，因此要緊急處置，及早換盆，以確認根部的情況。

加上吐芽前樹木很需要水分，然而這時期氣候寒冷，所以人往往會覺得澆水是件麻煩事。

既然沒辦法每天澆水，那麼就用大一點的盆缽，夏天時利用底部給水的方式以免缺水，制定一個適合自己的澆水規則。

夏天1天澆一次，冬天2～3天澆一次，只要一直持續，盆栽中的植物就不會枯萎。

另外，就算缺水，草木在枯萎前一定會發出訊號，像是水的滲透變差了、葉緣開始枯竭，這些都是缺水訊息。此時只要注入滿滿的水或是利用底盆給水的方式緊急處置，換盆時仔細觀察根部，通常就可讓植物恢復活力。

基本的澆水方式

澆水前後都要把盆缽拿在手上，確認重量的差異。

基本的療養方式

換盆後及雨季時若排水差，就算水分足夠，根部依舊無法呼吸到空氣。

澆水的重點

- 表土乾燥時注入大量的水，直到水從盆眼流出。
- 表土濕潤，未必代表水已經抵達根部。
- 知道澆水前後的盆缽重量。
- 配合生活，制定澆水規則。
- 不慎缺水時先利用底盆給水的方式緊急應對，換盆時再設法讓根部恢復活力。

底盆給水 為了緊急處理缺水而進行底盆給水時，只要將盆栽放入水瓶或水桶裡，浸到表土上，讓水從盆底的孔洞整個滲入其中就行了。

施肥

盆栽不能少了施肥 但嚴禁過量

植物是從光、空氣、水與土壤中獲取養分。但盆栽的盆土在盆缽中大幅受到限制，因此必需透過肥料來補充養分。

但在根部分量不多的情況下，當土壤中的肥料濃度多到無法讓植物吸收時反而會傷到根部，對樹木造成負擔，因此要適量投撒，輔助植物度過生育期。

冬天進入休眠狀態以及衰弱的樹木要酌量施肥。大幅剪枝或是換盆使得植物受到損傷時，一個月內盡量不要施肥。炎夏容易吸收的液肥要稀釋地淡一些，平均每隔一個禮拜代替水施肥一次。

另外，想要欣賞花朵或果實模樣，可在換盆時撒入基肥，但開花到結果這段期間就不要再追肥。

肥料的種類與按照目的的選法

利用肥料來補充的養分主要有氮（N）、磷（P）與鉀（K），而一般市面上的混合肥料通常都會以N：P：K的方式來標示比例。

氮亦稱爲「葉肥」，有助於莖、葉、幹等組織生成與生育。磷可幫助開花與結果，故又稱爲「花肥」或「果肥」。鉀可調整根部生育與狀態，故名「根肥」。

一般來說，松柏類與雜木類使用的肥料以氮肥爲主，花朵類與果實類則是使用磷

配合基本用土的土壤

液肥

以氮（N）、磷（P）、鉀（K）為主要養分調配而成的液體化學肥料。挑選時可參考N：P：K的調配比例。因為是原液，故一定要按照規定的倍數稀釋後才能使用。屬於植物容易吸收的速效性，但有效期間很短。澆水時，平均每1週～10天可使用液肥替代一次。

固體肥

按照目的並且根據N：P：K的調配比例來使用。顆粒大小也有分大中小，可配合盆缽的尺寸來使用。屬於緩效性，不管是擺放在表土上或是當作基肥都可。

油粕肥

以發酵油粕（氮）為主，搭配骨粉（磷），同時去除發酵油粕獨特異味的有機肥，緩效性。

骨粉

磷肥。遲效性。因為效果會慢慢施放，可加入2～3成至土壤裡，當作花朵與果實植物的基肥。

＊每家廠商生產的肥料各有不同，因此要詳讀說明後再使用。

施肥的重點

- 盆栽的土壤雖少，還是需要肥料。
- 肥料太多反而導致反效果。
- 衰弱的樹木施肥反而造成負擔。
- 花朵盆栽與果實盆栽從開花到結果這段期間不需施肥。
- 視情況改變施肥方式（氮＝葉肥；磷＝花肥、果肥；鉀＝根肥）。

含量多的綜合肥料。不過最重要的，還是要仔細觀察植物的狀態，並且根據需要區分使用。

不傷根部 有效的施肥方法

植物是靠根部尾端來吸收肥料，因此固體肥的置肥要放在根梢伸展的方向；若是盆栽，就要放在盆缽的邊緣。

埋入土裡的肥料萬一直接接觸到根部反而會造成肥傷，因此要置於土壤表面，將鋁線彎成U字形後固定在表土上，以免因為澆水或風吹而掉落。

肥料的有效期間通常都會寫在包裝上，不過有的過了一個月就會整個化掉，有的有效期間可超過兩個月，也有的雖外型不變，但只要一觸碰就會瓦解。

施肥除了要看樹種的性質，還要配合樹木的狀態與生長階段，因此要觀察每一種狀態來增減用量。

置放粒肥的方式

1

將鋁線彎成U字形，夾住粒肥。顆粒較小的肥料可先用U字釘捲起來。

2

視盆缽的大小將數顆粒肥均等地固定在周圍，盡量不要直接接觸到根部。

使用U字釘的話，不管是洗根還是塑造石附樹形，都很容易施肥。

使用大盆缽時，若不需擔心會被風吹散，亦可在缽角撒上顆粒較小的肥料。

盆栽小知識

生育期在春秋兩季的樹木平均每一個月要放置固體肥或油粕肥。不過換盆後一個月內盡量避免施肥。幼木的吸收力強，要注意肥料減少的速度與葉片狀態，一旦樹木沒有精神，就要停止施肥。

如何施放液肥

淋在葉面上效果也不錯

澆水器

原液

份量規定的水

稀釋的液肥倒入澆水器中，施肥方式同澆水，整個淋在盆缽的土壤上即可。

用量杯算好水量，要注意的是稀釋的液肥不可比規定的還要濃。

如何施放基肥

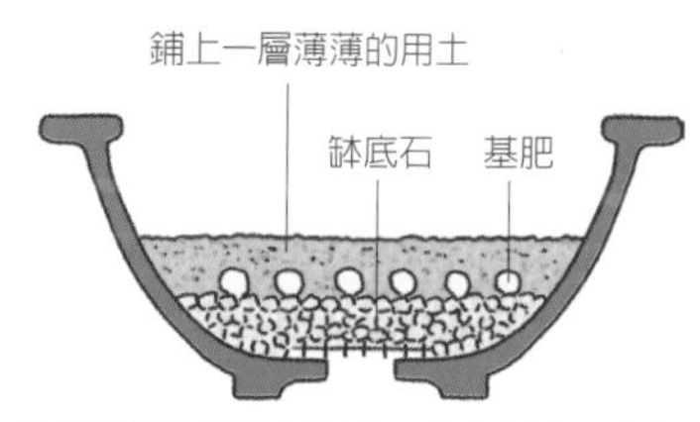

花朵與果實植物換盆時，先在缽底石上撒上緩效性的固體肥或骨粉，接著再鋪上一層薄薄的用土。

病蟲害防治

讓盆栽增加抵抗力 預防勝於處理

植物發生病蟲害時，處理很麻煩，因此我們要事先營造一個不易造成病蟲害的環境，防範未然。

枝葉整理好後，擺放盆栽時，盆與盆間要隔段距離，盡量減少陰影形成，這樣就能大幅提升預防疾病的機率。就連容易生病的樹木也不太會有蟲靠近。

然而那些被稱爲害蟲的昆蟲在大自然中會與植物共生，無法完全消滅。但只要預料發生時期，及早預防，就能避免災害發生。另外，仔細觀察盆缽周圍與葉片背面，也可找到蟲的卵或排泄物以及木屑等雜質，這時候可用水清洗，或是用牙刷刷落，盡量不要使用藥劑來驅趕害蟲。

噴藥時注意事項

殺除害蟲與病菌的藥劑對人體與草木都會造成傷害。尤其是草木只要愈常噴灑藥劑，對害蟲與病菌的抵抗力就會愈來愈弱；相對地，病菌與害蟲的抗藥性就會愈來愈強。

因此，噴灑藥劑時可挑選數種，輪流使用。千萬不要混合，因爲這樣反而會產生難以預期的化學反應。仔細閱讀說明書，一定要按照規定的濃度噴灑。記住，濃度

植物生病的症狀

縮葉病

4～5月發生在桃樹上的霉病，葉片會萎縮成不規則的形狀，覆蓋一層白色黴菌後會落葉。染病後無法治療，只能事前謹慎防範（例：桃）。

餅病

初夏或秋季山茶類或杜鵑類常見的黴菌。嫩葉肥大，日照後會變紅。必須在葉片由紅轉白前摘下（例：山茶花）。

白粉病

春初至初秋，讓葉或莖沾上類似白色粉末的黴菌。可用殺蟲劑預防，若擴展到葉片凋落，就要使用殺菌專用的藥劑來制止，以免變得更嚴重（例：日本衛矛）。

黑星病

病菌會沾染在薔薇科樹木的葉與莖上，形成黑色斑點。產生的菌一旦過冬，到了春天也會傳出災害，必須鋸下病巢，並噴灑專用的殺菌劑加以預防（例：薔薇）。

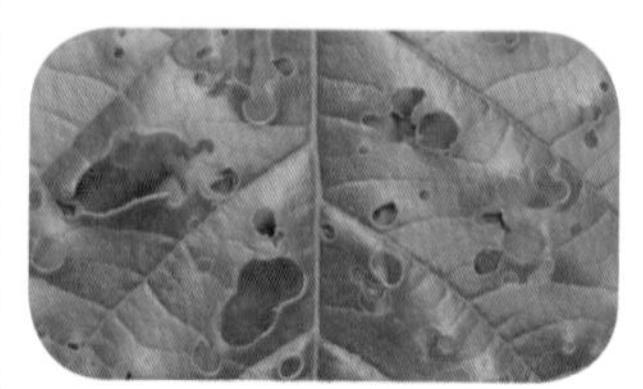

穿孔病

桃、櫻、梅等葉片柔嫩時期得到的細菌病。會隨著風雨擴散，必須噴灑細菌專用的殺蟲劑（黴菌用無效）來預防（例：實櫻）。

黑斑病

發生於春至秋季。枝葉表面因沾上蚜蟲與介殼蟲的排泄物而變黑。冬天噴灑殺菌除蟲劑可預防（例：齒葉冬青）。

調高不僅沒有效果，還會傷害到草木，但沖淡的話反而會帶來某種程度的效果。

噴灑藥劑時要盡量覆蓋住皮膚，尤其是口罩與橡皮手套一定要戴。另外，為了避免草木受到藥害，噴灑前也要充分澆水。

春季的預防對策要在冬天進行

冬天使用液狀的殺菌除蟲劑預防效果很好，能有效預防跳蚤或介殼蟲等害蟲。

不過有些藥劑對人體會造成相當大的影響，盡量不要用噴灑的，可改用刷子刷塗的方式。至於小品盆栽，可將整棵樹倒過來浸泡在稀釋液中除病蟲害。

害蟲的種類與特徵

蚜蟲

會吸食幼嫩柔軟的枝葉汁液。排泄物會導致黑斑病。可在新芽吐出時期定期噴灑蚜蟲專用的殺蟲劑（例：南蛇藤）。

介殼蟲

會侵蝕枝幹。種類多，殺蟲劑不容易發揮作用。除了預防，亦可用牙刷將其刷落。

上：短角綿蚜　下：紅蠟介殼蟲

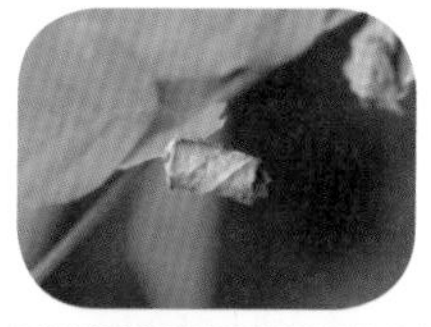

捲葉象鼻蟲

會在葉片編織「搖籃」的象鼻蟲夥伴。會侵蝕葉片，將葉子捲成筒狀的「搖籃」很醒目（例：櫸榆、日本辛夷、土川七）。

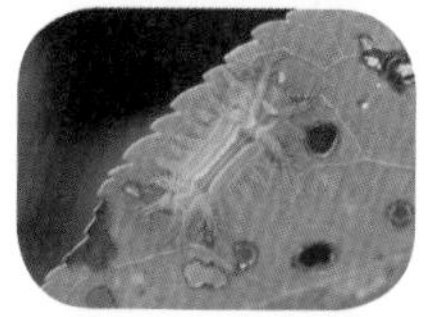

麗綠刺蛾

7～10 月會變成綠色的毛毛蟲。一旦觸碰到身上的刺會感覺刺痛。蟲卵成團，幼蟲顏色為黃色（例：櫻、櫸、柿、楓）。

黃腹三節葉蜂

成蟲會破壞幼嫩的枝莖並在裡頭產卵。4～11 月，孵化的幼蟲會侵蝕葉片。幼蟲身上充滿光澤，喜群生（例：薔薇、野薔薇）。

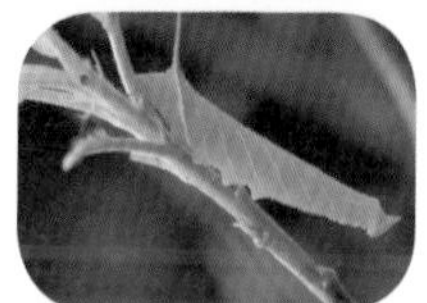

栗六點天蛾的幼蟲

天蛾的一種，成蟲外型似枯葉。天蛾幼蟲一年會出現 1～3 次，會侵蝕葉片（例：栗、麻櫟、青剛櫟、枹櫟）。

天牛

星天牛的幼蟲。會躲在樹幹中過冬，故要注意木屑。成蟲會侵蝕幹肌與樹根（例：櫸、楓、雞爪槭、百日紅、姬沙羅）。

施肥的重點

- 不讓病變或害蟲靠近健康的樹木。
- 盆栽間保持距離，盡量不要形成陰影，如此一來可預防植物生病。
- 病蟲害流傳的時期前後多加觀察盆缽周圍與葉片背面，儘早驅除害蟲。
- 使用殺蟲劑時要詳讀說明書，慎重使用。

小品盆栽的浸泡殺蟲法

液體的殺菌除蟲劑效果雖好，但對人體造成影響，使用時必須戴上口罩與手套，並且小心留意。小品盆栽可將盆缽整個倒過來浸泡在稀釋液中。但要注意稀釋液沾到盆缽的話可能會擦不掉。採用這種方式時，盡量挑選殺菌除蟲劑比較不容易揮發的冬天陰日、無風的傍晚來進行。

通年作業流程

春

3月

作業	雜木類換盆	上旬
	蚜蟲開始出現	中旬
	置放室外（吐芽前放在戶外）	
	山毛櫸壓條（吐芽前纏線）	
	雜木類壓條（櫸、雞爪槭、楓）	
	松柏類換盆	下旬
消毒	預防害蟲對策	
肥料	不施肥	

4月

作業	預防赤星病的對策	上旬
	摘芽（葉片展開前）	
	縮緬葛、梔子花換盆適當時期	中旬
	黑松摘綠（將新芽從中間折斷）	
	準備需要交配樹木的雄木	
	櫸樹摘芽（勤奮地）	下旬
消毒	噴灑殺菌劑（每月至少 2 次）	
	噴灑殺蟲劑，驅逐害蟲	
肥料	黑松開始施肥	
	花朵與果實盡量少施肥（到 6 月為止）	

5月

作業	山橘換盆適當時期	上旬
	縮緬葛剪枝適當時期	
	雜木類壓條適當時期	中旬
	楓、雞爪槭剔葉	
消毒	蚜蟲防除對策	
	黑松枯葉病對策	
	噴灑殺菌劑（每月至少 2 次）	
肥料	整體施肥（花朵果實類除外）	

夏

6月

作業	大透翅天蛾幼蟲對策	上旬
	黑松摘芽前充分施肥培育	中旬
	梔子花交配（花不要淋到雨）	下旬
消毒	白粉病預防對策	
肥料	噴灑殺菌劑（每月至少 2 次）	
	整體施肥（花朵果實類除外）	

7月

作業	預防日晒對策	上旬
	長壽梅剔葉（小枝條增加）	
	黑松切芽（老木）	中旬
	黑松切芽（幼木）	下旬
消毒	防除對策（病蟲害發生的高峰期）	
	噴灑殺菌劑（每月至少 2 次）	
肥料	整體施肥	

8月

作業	整個夏天要注意是否缺水	上旬
	五葉松換盆適當時期	下旬
	注意颱風警報	
消毒	防除對策（病蟲害發生頻繁）	
	噴灑殺菌劑（每月至少 2 次）	
肥料	斟酌使用液肥	

冬

12月

作業	黑松疏葉	中旬
	準備放入室內	下旬
消毒	用殺菌除蟲劑消毒	
肥料	不施肥	

1月

	觀賞正月擺飾盆栽	上旬
作業	松柏類整枝	中旬
	入室（放入室內）	
	剔除剩餘的果實	
	用牙刷刷洗樹幹	
	纏線（放入室內後再進行）	
消毒	用殺菌除蟲劑消毒	下旬
肥料	不施肥	

2月

作業	調配基本用土，準備換盆	上旬
	剔除山葉草的老葉	
	卸除置肥	
	用牙刷刷洗樹幹	
	製作神枝與舍利幹適當時期	中旬
	梅樹換盆適當時期	
	雜木類壓條適當時期	下旬
消毒	用殺菌除蟲劑消毒	
肥料	不施肥	

秋

9月

作業	五葉松驅除老葉	上旬
	花梨（薔薇科）換盆適當時期	中旬
	松柏類纏線	
	杉、杜松最後一次摘芽	下旬
消毒	赤蟎等害蟲預防對策	
	殺菌對策（白粉病發生期）	
	噴灑殺菌劑（每月至少 2 次）	
肥料	多噴灑以磷為主的肥料	

10月

作業	皺皮木瓜、長壽梅換盆適當時期	上旬
	黑松整芽	
	松柏類開始整姿（適當時期到春天）	中旬
	整理老葉與枯草	下旬
消毒	侵蝕皋月杜鵑花苞害蟲預防對策	
	根頭癌腫病的預防對策	
	噴灑殺菌劑（每月至少 2 次）	
肥料	多噴灑以磷為主的肥料	
	斟酌使用可觀賞紅葉樹木的肥料	
	觀賞紅葉	

11月

作業	掛上防護網以保護果實類植物的果實	上旬
	落葉後刷子沾水清洗樹幹	中旬
	雜木類剔除紅葉整頓樹姿	
	剔除黑松老葉	
消毒	線蟲預防對策	
肥料	不施肥	

如何擺飾盆栽

盆栽當中就算是小品盆栽，只要擺在日常生活當中想要裝飾的地方，就能隨心所欲地觀賞，有時還能讓場合變得隆重呢。

搭配風格時尚的盆栽很適合擺在洋溢西洋氣氛的優雅窗邊。若澆水與日照管理都沒有問題，不妨直接放在窗邊培養。置於室內會變得虛弱的樹種觀賞完後記得歸回盆栽架上（照片為根上樹形的鑽地風）。

無論休閒或正式都能樂在其中

不管是窗邊、玄關、廚房，甚至是餐桌上，都讓人賞心悅目，這就是小品盆栽的樂趣，不過在過年或重要日子，透過特別裝飾來觀賞盆栽也有一番韻味。除了室內，有別於架設在庭院或陽台層架，是名為「擬木」的單品飾台，這時不妨將盆栽放入美麗的盆缽裡裝飾一番。

裝飾壁龕或展示會的方式稱為「飾席」，也就是組合好幾種盆栽與小東西來擺飾。「席」這個有限的空間被視為是一個世界，自然引誘了觀者視線動向，展現出寬敞的感覺，讓人忘卻這個小空間。

觀者會被拉進另外一個世界，每每抬頭仰望盆栽，就會產生自我如此渺小的錯覺。這是一個讓平日的努力展現在世人面前的華麗舞台。

地板擺飾

如何擺飾盆栽❶

　飾席大致分爲「地板擺飾」與「層架擺飾」。地板擺飾以主木及承受動線的「受」、「添配」或「添」（草物盆栽、石頭或裝飾品）這三項擺飾來架構動線，或由主木與添配構成的兩件擺飾這兩種方式最爲普遍。在日常生活空間裡，也能以此爲基本來配置。

　飾席上，主木的動線會流向吸引視線的地方。爲避免人們的視線脫離席外，動線會暫時定住。而扮演攔截角色的，就是「受」，採用逆勝手或直幹等樹形的盆栽，或以點止住動線的添配爲佳。

　盆栽的動線稱爲「勝手」。倘若主木在左勝手，那麼受就在右勝手，而擋住來自受這條動線的，就是添配。利用高低起伏將視線拉到宛如蜿蜒流水的動線上，如此一來可由上方營造出一個舒適寬敞的安定感。

　展示會上的席位通常會設置一個比擬壁龕的空間，掛上掛軸。這樣的裝飾方式依舊是爲了與不等邊三角形有一個間隔，故在挑選樹種時，品味可說占了舉足輕重的地位。

小品盆栽的地板擺飾通常會將主木放在飾台上以展現高度。受則是擺在平桌上展示高低差。主木的長壽梅是右勝手，因此受的五葉松就是左勝手，而添配則是草物。地板擺飾的話，會利用掛軸來強調高低。季節腳步略為領先的草木通常會比應時植物還要來得有風韻。

Ⓐ主木：長壽梅

Ⓑ受：五月松

Ⓒ添配：草物（月見草、苔）

如何擺飾盆栽❷

層架擺飾

層架擺飾又稱爲箱飾。這種小品盆栽特有的裝飾手法是在造型琳琅滿目的棚架上配置數盆小品，而這個棚架算是一件主木配上觀賞的地板擺飾。但在展示會上參展時，通常會傾注全力裝飾棚架，這也算是一種樂趣。

改變擺置方式 可演出複雜動線

擺在架上的盆栽數量因棚架形狀而異，至於棚架擺什麼會影響到整體的氣氛。就算決定好擺飾的盆栽，接下來要如何配置也是需要巧思的。

想要讓棚架內展現一個景致，整體擺飾必須均衡，

不管是什麼形狀的棚架，最高的位置叫做天場。把整個棚架視為一顆樹時，這個部分就等同於頭部。頭之重要，不管是盆栽還是棚架，都是一樣。

來自擁有美麗舍利的真柏動線，確切地投射到斜幹樹形的五葉松。雙幹樹形的石化檜氣派莊嚴，展現出雄壯威武的風格。

另一方面，沉著穩定、經過打枝整理的長壽梅、白皙優美的楓枝幹，則是以花朵明亮可愛的常盤姫萩為添配。這個形成對比，但整體卻十分均衡，而且渾然成為一體的飾席，應該會與觀者心中的那幅畫產生共鳴。

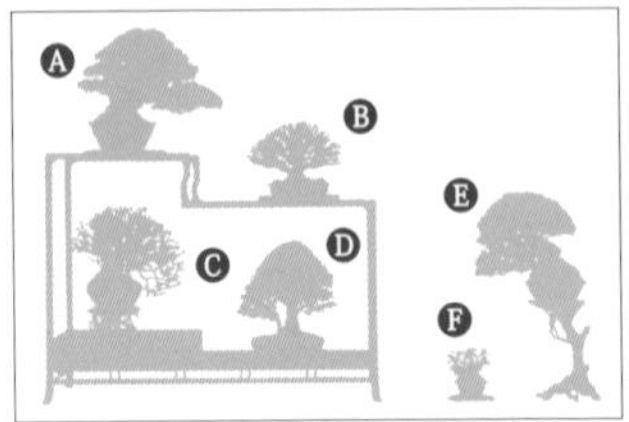

Ⓐ真柏
Ⓑ楓
Ⓒ長壽梅
Ⓓ石化檜
Ⓔ五葉松
Ⓕ常盤姫萩

不可某個地方過度重視或過於強烈，因爲一邊重一邊輕的樣態會讓人看了心煩氣躁。此外，靜與動的均衡也很重要。像是半懸崖、斜幹、風翩等充滿動態、讓人聯想到大自然嚴苛環境的樹形，以及直幹、掃立等樹姿悠然、靜謐平和的樹形，這兩者的組合，牽引了觀者的思緒，聯想到各種境界，形成一個風韻深邃的裝飾。

在展示會上向行家學習照料方式

只要參加展示會，就能慢慢觀賞行家細心布置的飾席。

時而輕妙、時而厚重的景色，是長年的心血象徵，讓人在享受雅致玩心之際，同時從中得到許多靈感。

營造均衡的層架擺飾

問題點

擔任右勝手的受，五葉松（❻）與在棚架右側擔任左勝手的常綠樹（❶❷❹）整體展現出一股沉重的氛圍，中間反而過輕。

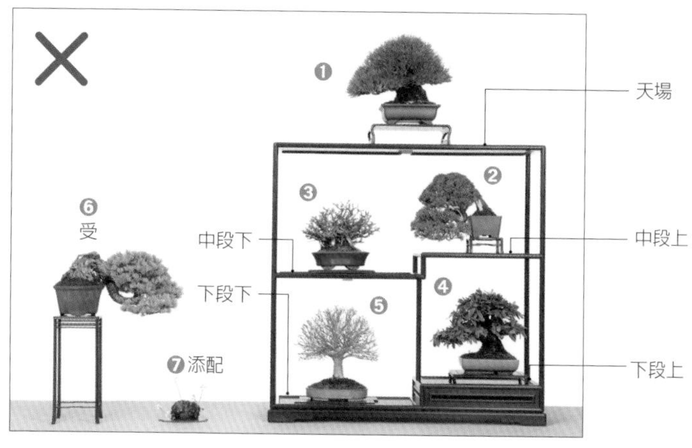

❶黑松
❷真柏
❸長壽梅
❹寒茱萸
❺櫸
❻五葉松
❼丹頂草

改善點

調整棚架下段的盆栽配置方式，將受的五葉松改為磯山椒。

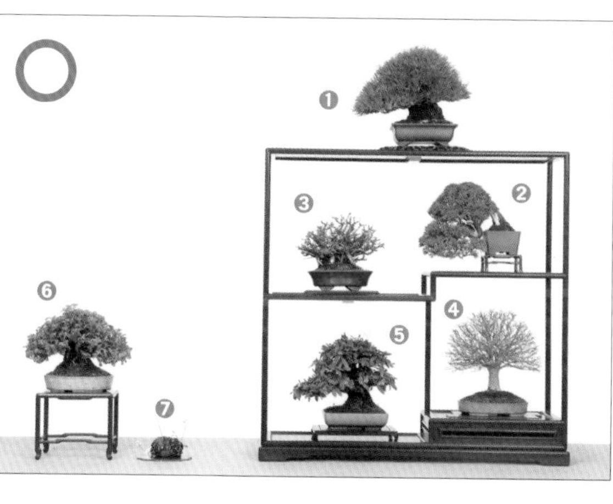

❶黑松
❷真柏
❸長壽梅
❹櫸
❺寒茱萸
❻磯山椒
❼丹頂草

在棚架最高的位置「天場」擺放的盆栽十分講究樹姿端正，而且強勁有力。

在這個層架擺飾中，略為偏左的模樣木樹形黑松動線被棚架外的磯山椒所承接。中段充滿動態的真柏動線則是為長壽梅所承接，而下段下莊重的寒茱萸則是將觀者的視線拉到添配上。

長壽梅與櫸畫出了落葉樹的對角線，適合搭配線條細膩的添配—丹頂草。同時，草物也預告了接下來的季節。只要動線足夠豐富，就能營造出一個充滿故事的風光景致。

如何擺飾盆栽③

裝飾盆景架

裝飾盆栽時，通常會放在平坦的底板上或有腳的桌面上。就算是層架擺飾，也會放在矮平桌或底板上，有時甚至是在前方放塊底板，將添配放在上面，以營造出深度。

這樣的棚桌就像幅裱框的畫，能有效襯托出盆栽，像是不會讓懸崖或垂枝等樹形的枝幹垂到地面的高度，或是在飾席上讓動線產生高低差，這些都能將觀者的視線拉到這一個小小的世界中。

底板與几桌種類琳琅滿目，姑且不論造型，利用身旁現有的席墊與磁磚，也能營造出有趣的景色，甚至是充滿時尚感的裝飾。

就請大家爲自己的盆栽找出適合的展演氛圍吧。

棚架

蕨草

月牙

服飾

滿月

天場的楓擺在平桌上，中段的山梨底下鋪上一層底板。像這種滿月或月牙曲線的圓形棚架下段通常不會擺放盆栽。

底板

有類似水盆、不規則形狀的板子，稱為「水板」。只要留意水分，質地略厚的餐墊或刺繡布料也很合適。

高桌

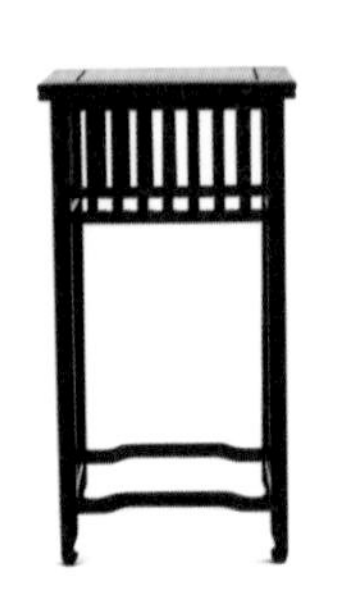

几桌依高度可分為高桌、中桌與平桌。想要擺飾懸崖或垂枝樹形的盆栽，不能沒有高桌。

黑松｜真柏｜赤松｜杜松｜東北紅豆杉｜杉｜五葉松

黑松

姿態雄渾、盆栽的代表樹種。相對於樹態優雅的赤松（雌松），亦稱雄松。作爲盆栽培植的歷史意外淺短，昭和二十年後半因爲同時運用摘芽與切芽的「短葉法」普及，使得黑松如同一匹黑馬爆紅，而日本全國各地容易栽種也是其優勢。

摘下新芽，等到第二次的芽吐出後才開始塑整的黑松可讓人充分感受到「創作」的醍醐味。枝條的粗細左右了新芽向上生長的力量。只要根據經驗掌握這點來調整整棵樹的力向與樹形，培植起來會更有趣。

就算是寒冷地，生長速度也只不過比暖地稍遲一些，對於初學者來說，算是比較容易挑戰的樹種。加上有不少特徵與其他樹種共同，作爲奠定盆栽技巧基礎是再適合也不過了。

培植月曆

1月	纏線・拆線
2月	纏線・拆線
3月	纏線・拆線、換盆
4月	換盆、摘芽、肥料
5月	摘芽、疏葉、肥料
6月	疏葉、切芽、肥料
7月	切芽
8月	
9月	肥料
10月	肥料
11月	肥料
12月	

樹高 22cm ▶

日名	クロマツ、雄松、男松
別名	日本黑松、松樹
英名	Japanese black pine
學名	*Pinus thunbergii*
分類	松科 松屬
樹形	直幹、雙幹、三幹、五幹、模樣木、文人木、懸崖、石附、連根

日常管理的「訣竅」

放置場所
屬暖地性，喜日照，亦可置於半日陰或日陰處栽培。培育方式可配合環境。

澆水
很喜歡水。當表土快要變乾時，記得澆上滿滿的水，直到水從盆眼滴落為止。水太多也不會枯萎，但要特別注意缺水。

肥料
本身營養豐富，生長能力旺盛，就算多肥依舊強勁。唯有在雨水多的時期使用融水性肥料，會因為濃度過高而導致腐敗，因此要斟酌用量。

換盆
易栽種，幼木每2～3年要換盆一次。變成老木時若要使其停止生長，就改為每3～4年換盆一次即可。

病蟲害
為了預防蚜蟲與松枯病，每到春～秋生長期間要噴灑殺蟲劑3～4次。

培養—換盆

生長旺盛的黑松在培養過程中換盆會造成相當大的負擔，往往因此引起麻煩，拉長保護期間，所以盡可能在快要吐芽前換盆會比較妥當。

時期方面，關東地方是3月中旬到4月中旬，但因地區與天候關係，每個地方期間長度略有不同。

趁幼木這個階段使用砂礫比例比較多、質地略粗的土壤，之後再慢慢換成細土。

1 用鑷子將從盆缽中拉出的球根以戳的方式鬆開土團，讓老舊的土壤掉落，紓解根系。

POINT
球根放入盆缽中看看。

固定植株的金屬線

2 根系剪短，留下三分之一的長度後將植株放在已經填入用土的下一個盆缽中，並用金屬線固定。

3 為了讓幼木的根伸展開來，以赤玉土 2：河砂 1 的比例調成顆粒略粗的用土後再來移植。

為幼木塑形，改作後換盆（▶ P67）。

換盆後立刻放在半日陰處，不要直接放在陽光底下日曬。養生時要覆蓋一層水苔以保持濕潤，並且一邊觀察葉態，直到樹形固定為止。

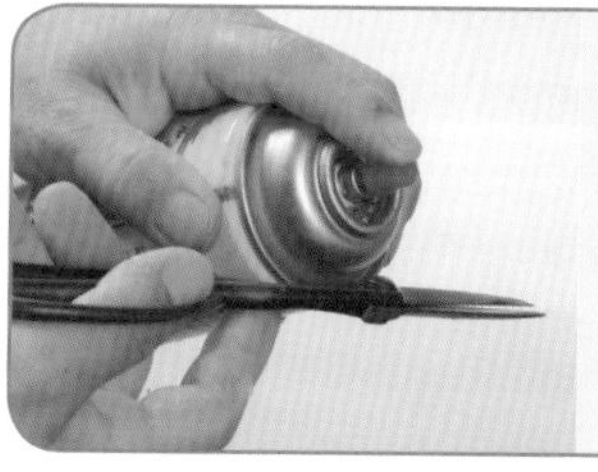

盆栽小知識

剪刀一旦沾上樹液、產生污垢，會對剪刀與樹木造成傷害。因此在作業前要噴上潤滑劑，輕輕擦拭就能清除污垢，刀鋒也會銳利持久。

培養─疏葉

葉片過於茂密就會不透氣，整個枝幹就會看不清楚樣態，因此要觀察整體的均衡，適當從老葉開始裁剪。最佳時期是4～6月的生長期間。

減少前年生長的葉片。抓著一整撮要剪下的葉片，從根部裁剪。

剪好後，新葉也適當修剪，盡量讓下方的葉陰濃，上方的葉陰薄。

創作─改作

黑松樹勢強，能適應各種的情況，算是容易改作的樹種。剛開始的三年只要慢慢培養，後芽就會慢慢倍增，如此一來

創作─摘芽

摘下4月左右吐出的新芽頭這個成長點好讓葉片變短，製作一個新的成長點作業。這就是「短葉法（→P35）」的重點。因爲是摘折幼嫩的綠芽，故又稱「摘綠」。

所有新芽並不需要全部摘過一遍，只要看清長勢，從強勁的芽開始摘折，留下長勢弱的芽，之後疏葉時再調整即可。摘芽過後一個月新芽就會開始吐出來。

弱芽

長勢弱的芽可藉由修剪葉片來調節。

長勢強的芽在當年剛吐出時就要摘除。

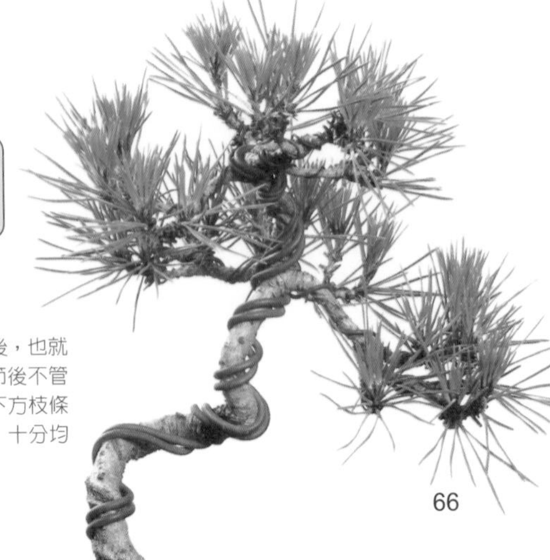

吐芽約2個月過後，也就是6月上旬。調節後不管是上方的芽還是下方枝條的芽均朝上生長，十分均衡。

就能在短期間內塑整樹形，並且在心裡慢慢描繪出想要塑造的模樣。

1 雖是便宜的苗木，但根部卻很有特色，伸展的枝條狀況佳，是以文人木為構想培養的樹形。

2 姑且不論培植的形狀為何，先從各個角度來觀賞，練習激盪創意。纏上金屬線，使其傾斜。

3 利用樹幹的彎曲與枝條的高度塑造出充滿風韻的樹姿。這樣的改作方式是黑松的醍醐味之一。

進化—範例

每日付出心血，不斷地把樹形改作成想像的姿態時，偶爾會出現超越預期的風格，讓人驚訝。所以不要害怕失敗，放膽去挑戰吧。

範例 — ❶

八房黑松。不管是什麼樹種，只要新芽數量多，一律算是「八房」種，不過八房黑松的芽特別粗，整體來講屬於樹形偏小的姬性，因此不要摘芽或切芽，慎選枝條再來培植。

◀樹高 17cm

上下 18cm ／左右 27cm ▶

頂點是露根樹形的根。本體的枝葉與右邊的枝葉讓整體架構成一個充滿穩定感的不等邊三角形。

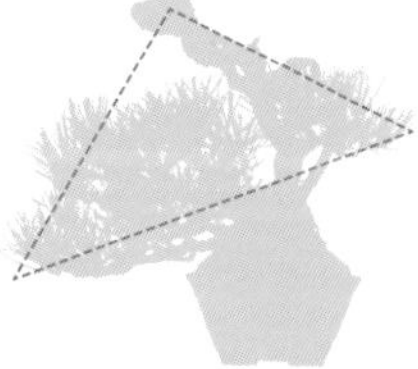

範例 — ❷

把枝幹變粗的根部當作樹幹塑造而成的露根樹形。彷彿將細幹的文人木彎折的形狀，可看清根部的葉片。整體樹姿連貫一致，小巧玲瓏也算是優點。

真柏

檜柏這個檜樹的夥伴在盆栽界稱爲眞柏，算是「造型美」的代表樹種。

松柏類自然乾枯的部分枝條或樹幹經過好幾十年，甚至好幾百年以來的風雪吹襲，有時會洗滌成宛如白骨般的殘枝，這在盆栽界中稱爲「舍利幹」或「神枝」，與在短時間內透過人類雙手培植的暗褐色樹幹形成對照，塑造出一個可觀賞到美妙姿態的樹形。

眞柏本身十分堅硬且樹勢強勁，普遍栽種於日本全國。近年來以插枝苗爲主流，也就是等苗木紮實地培養到某個程度後再來加工修整

藉由樹木成長力量與人類雙手創作的樹形，可塑造出超越創作者想像的樹姿，這就是眞柏引人入勝之處。

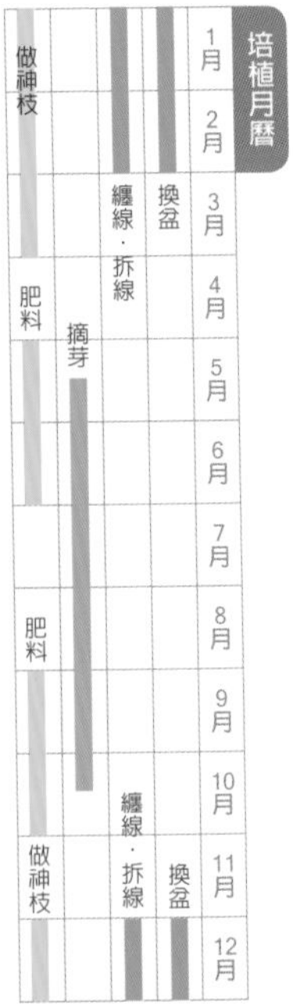

◀樹高 20cm

日名	シンパク、ミヤマビャクシン、槙柏
別名	檜柏
英名	Chinese juniper
學名	*Juniperus chinensis* var. *sargentii*
分類	柏科 刺柏屬
樹形	模樣木、曲幹、蟠幹

培植月曆

	1月	2月	3月	4月	5月	6月	7月	8月	9月	10月	11月	12月
換盆	●	●	●								●	●
纏線·拆線	●	●	●								●	●
摘芽				●	●	●	●	●	●	●		
肥料				●	●	●		●	●	●		
做神枝	●	●	●								●	●

日常管理的「訣竅」

放置場所

日照充足、通風佳的地方就已經足夠。與黑松一樣，亦可置放在半日陰或日陰處栽培。

澆水

生長速度會隨著水的管理方式而有所改變。促進生長時要多澆水，希望慢慢生長時則斟酌情況澆水。稍微乾燥的氣候並不會影響生長。

肥料

根部生長旺盛，肥料用量增加的話可加速根部生長。但要注意的是只要2～3年的時間，盆缽內就會塞滿根系，因此要適當調整用量。

換盆

因為成長速度快而使得盆缽塞滿根系時會停止生長，故必須在此前換盆。仔細觀察，只要水無法立刻滲入表土時，就代表該換盆了。

病蟲害

對抗病蟲的抵抗力雖強，但為了預防，春～秋還是需要進行3～4次除蟲殺菌處理。

培養──纏線

市面上幾乎都是插枝後培植數年的苗木。先在心中想好要塑造的樹形，剪枝後再用金屬線將剩下的枝條朝水平方向纏繞。

POINT
葉片也要整理

插枝 7 ～ 8 年生。換盆前先剪枝，再纏線。

大致剪除枝條，看出樹幹彎曲的形狀等有趣之處。

金屬線將枝條纏繞成朝水平方向彎曲的形狀，塑整整體的枝葉（▶ P38）。

培養──換盆

因為是強壯的樹種，換盆時期有限，原則上來說，以「寒內」這段時間為佳。然而在寒冷時期換盆時，就會忍不住想要多加呵護。其實只要擺置在棚架底下就已足夠，放在太過溫暖的地方反而不容易展現好成果。

眞柏的生長適溫很低，所以就算用土冰凍，依舊能換盆。

1 從盆缽中拉出根部，直接用剪刀將球根下方大塊切離。

2 從球根剪下的樹根。與拉出時的根量相比只剩下五分之一。根部保留的量約比下一個盆缽小 2 ～ 3 成為佳。

3 準備比原本的素燒盆尺寸至少小三分之一的盆缽。用土比例為赤玉土 4：鹿沼土 1。調配用土時需視環境與經驗來判斷調整。

4 鋪上一層薄薄的用土，將球根放在上面，用筷子將其壓入土中，再倒入用土，填滿縫隙。換盆後整個盆缽浸泡在裝滿水的水桶裡。

5 換盆後立刻澆上滿滿的水，並置於棚架底下管理。

POINT
鋪上水苔，以免表土乾燥。

創作—塑造舍利幹

要藉由人的雙手製作舍利幹或神枝這種白色枝幹，就必須削除枝幹的表皮（形成層），製作出不會吸水的部分。這個工程若是在葉片停止生長的冬天進行，之後管理會比較輕鬆。

1 一開始先大致剪枝，去除葉片。重點在於要稍微剪長一些。

將插枝第 8 年的樹木枝葉大致剪除，並且削下樹皮。剛開始不要削得太仔細，先觀察樹形。

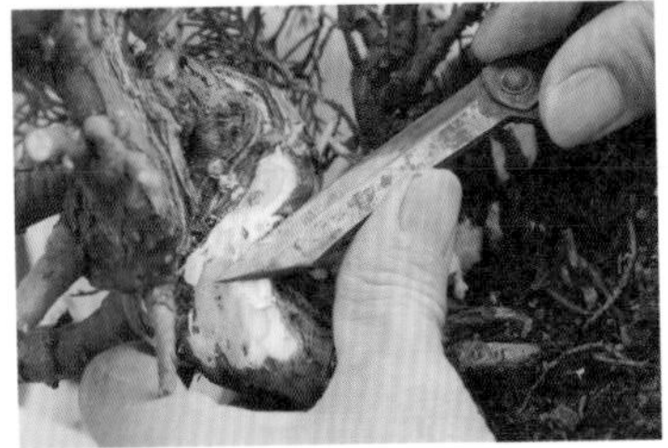

2 春到秋這段期間樹皮容易剝除，但削好皮後枝幹容易腐敗甚至遭受白蟻侵襲（盆栽界將這種情況稱為「老化」）。冬天樹皮無法直接剝除，可用刀子削切。削得大塊一些無妨。

削除後經過一段時間後變成紅色的部分（形成層）與縮皺的地方，剩下的枝葉也經過整理的狀態。

POINT
與花了 100 年才形成 1cm 的天然舍利相比，只要數年的時間就能培植出 1cm 的人工舍利細胞較粗，因此殺菌等保養很重要。

3 放置一段時間後，形成層的部分會變成紅色，將這個部分與縮皺的地方（乾裂或是老舊到快要剝落的外皮）用雕刻刀細心刮除。

其餘枝幹纏線，塑整樹形，換至小一號的盆缽。舍利的部分用尼龍筆刷塗上一層殺菌除蟲劑（▶ P71）。

4 同時進行換盆。因為夠強健，可同時製作舍利。

盆栽小知識

舍利幹形成後要定期塗抹殺菌除蟲劑。每天澆水很容易造成枝幹腐敗，除了防腐與預防病蟲害，塗抹殺菌除蟲劑還能讓舍利幹更加雪白。塗抹後只要經過一個月，就能營造出自然的氣氛。塗抹前先讓樹木整個變乾，想要塗抹的部分先用水沾濕，這樣就能塗出美麗的色澤。記得要用尼龍筆刷，細心進行。

進化—範例

製作舍利幹的蘊奧，是為了表現出樹木在大自然嚴苛的環境之下，部分枝幹雖出現白骨化，卻依舊蓬勃生長、綠意盎然的強勁活力。這本來是一個無垠的大自然，但如何將其縮小至最底限並展露出盆栽本質，可說是「極小同大」的最高境界。

範例 —— ❶

將嚴峻與奇特表露無遺的作品。舍利部分之多固然令人驚訝，但綠色部分卻十分完美，整體看起來很協調。這裡採用的是枝棚樹形，也就是讓枝條形成四層，充分展現出長年的氛圍。

◀上下 17cm ／左右 23cm

樹高 20cm ▶

頭部❶與展現動線的❷，以及居間的❸這三個部分形成的不等邊三角形讓整體看起來十分穩定。

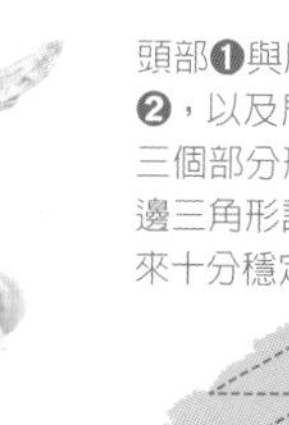

範例 —— ❷

整體動線朝左，褐色枝幹的「吸水線」強勁有力，牢牢地支撐根部。舍利也是充滿魄力，加上活力洋溢、茂密生長的綠色部分十分密實，展現出很均衡的美妙樹姿。

赤松

自生於日本全國內陸部與山間部的松樹，在自然狀態下幹肌略呈紅色。與黑松相比樹形較為細膩柔和，故名雌松。

即便受風雪吹襲，依舊堅忍不拔，屹立不搖，方能形成這樣的樹形。培植在盆栽裡的赤松樹皮不易呈現紅色，不過葉片卻很柔嫩，而且芽細長，略帶紅色。由於葉片長，因此和黑松（→P 64）一樣採用短葉法來整枝亦可帶來不錯的效果。

（→P 64）

赤松給人一種優雅的印象，但生長能力卻遠遠超過黑松，十分強韌。不管是嚴寒地帶還是缺乏土壤的熔岩地，都能堅忍不拔地生長。正因為生命力旺盛，不管是什麼樣的樹形都能塑造，不過還是以文人木、風翩、懸崖等樹姿才能表現出赤松的柔和美與高雅的氣息。

培植月曆

1月				纏線·拆線
2月	換盆		肥料	
3月	換盆		肥料	
4月	換盆		肥料	
5月		摘芽·切芽	肥料	
6月		摘芽·切芽		
7月		摘芽·切芽		
8月		摘芽·切芽		
9月		除芽	肥料	纏線·拆線
10月	疏葉	除芽	肥料	
11月	疏葉	除芽	肥料	纏線·拆線
12月	疏葉			纏線·拆線

▲上下 6cm ／左右 12cm

日名	アカマツ、雌松、女松
別名	日本赤松
英名	Japanese red pine
學名	*Pinus densiflora*
分類	松科 松屬
樹形	直幹、模樣木、懸崖、文人木

日常管理的「訣竅」

放置場所

喜日照充足、通風佳的地方。就算是日落時間早的半日陰環境也能充分生長。

澆水

與黑松一樣，想要促進生長的話就多澆水，想要成長速度慢一點的話就少澆水。相形之下算是耐乾燥的性質。

肥料

想要葉片與枝條數量少一點就要減少肥料的用量。枝條茂密的赤松若要維持施肥的量就必須固定，但盡量不要過量。

換盆

成長速度快，因此換盆時間要比黑松早。幼木的話1～2年，老木的話平均每3年就要換盆一次。

病蟲害

同黑松。春、秋這段生長期間要殺菌、除蟲4次，以便預防。

AFTER

BEFORE

培養—換盆

因爲是生長旺盛、根部生長速度快的樹木，所以換盆時大膽地裁剪根系無妨。

時期同黑松，在新芽快要冒出前必須換盆，在關東地區通常以3～4月爲最佳時期。

用土和黑松一樣，以赤玉土爲主，幼木的話可與1～2成的砂礫混合。

接下來要介紹使用實生4～5年、塑造的樹形爲曲付的盆苗在纏線、整形後的換盆方式。

1 利用下方彎曲的枝幹，纏上金屬線，改變上枝的動線。

2 從塑膠盆中取出球根，一邊用鑷子疏鬆根系，一邊剝除土壤。

3 大致裁剪根系，一邊配合挑選的盆缽，一邊剪成適當大小。

植株的壓放方式（▼P39）

4 盆缽穿好固定植株用的金屬線。將顆粒略粗的赤玉土2：桐生砂1調配的用土薄薄鋪在盆中，將植株移植在上面。

5 因為是偏向一邊的樹姿，所以要用鉗子將球根牢牢固定住。

6 筷子插入用土中將根部縫隙填滿，並且澆上滿滿的水。

盆栽小知識

根部切除後從底部可看到一部分白色的根。這就是根部開始生長的地方。赤松的根部只要一開始生長就會順便長出皮，而且與樹幹一樣容易剝落，所以土壤才會變成黑色。

創作－切芽

赤松葉片生長速度快，因此要比黑松晚切芽。採用短葉法時可與春天的摘芽一起進行，並且在7月時剪葉。記住，赤松葉片生長的速度會超乎想像的快。

AFTER

BEFORE

進化－塑造石附樹形

石附樹形是將在嚴苛的自然中樹木堅忍不拔的強勁與風韻，塑造成嬌小且在身邊就能隨時觀賞的盆栽技巧。而在現實的自然環境下能在熔岩上布滿樹根的赤松，就成了最佳素木。

塑造時期因地而異。不過春季3月下旬到4月上旬這段期間不妨將其視爲是換盆的其中一種方式。

造就石附樹形時，要採用調節用土的「部分換盆」手法。先將用土塡補在根部間，參考石頭的形狀來決定露出方向，並且用手將養分較多的土壤厚厚覆蓋在上面，最後再根據樹木生長的情況來增減。

1 試著從不同方向與角度擺置準備好的石頭與赤松，找出最適合的搭配方式。

2 這次採用的是直擺。先用金屬線暫時固定，確認樹形。

用金屬線暫時固定

泥炭土與赤玉土混合調配的土壤

3 拆下赤松，將要綁樹的地方當作地底，塗上一層泥炭土與赤玉土調成的用土。

準備的東西

麻布

（先浸泡熱水，去除防腐劑）

陶板

（防水性高的底盤亦可）

石頭

（照片為有條紋圖案的揖斐石）

赤松

（照片為5年實生苗）

1 先減少前年長出來的葉片。一邊觀察整體的均衡狀態，一邊在葉根留下 2 ～ 3mm 的長度，將葉片剪下。

2 葉片生長的速度會比想像中還要快，因此在減少葉片同時，還要將其他葉片剪掉一半甚至是三分之一，以便整理力道。

3 新的葉片用手指抓住一撮，一刀剪下。疏葉時也順便將摘芽後又長出來的第二次新芽剪下。

4 赤松貼放在地底上，用泡過水的麻布捲起來，再用棉線或麻線等腐朽後就會化掉的材質做成的線捆綁起來。

5 固定好後再裹上一層泥炭土，上面貼上一層苔。石頭、樹木與土的比例為 1：1：1，不過這裡土壤的容積較多，故下方栽種了底草（大文字草），以襯托樹木。

苔

底草

> **POINT**
> 一邊檢討是要強調石頭還是樹木，一邊在培養過程中取得平衡。時間經過也是盆栽的樂趣之一。

〈使用泥炭土的訣竅〉

泥炭土是堆積在水邊的水生植物腐葉土。養分豐富，黏度很高，很適合想要用少量土壤栽種的石附樹形，但直接使用的話，變乾時會不容易吸收水分，而且保濕性有時會過高。因此將土壤揉軟後，取 1 ～ 2 成，再與顆粒較細的赤玉土或「微塵」（→ P28）混合，這樣就可解決這個問題了。

泥炭土

赤玉土顆粒

棉線

（麻線亦可）

杜松

如同細針般尖銳的葉片在過去曾被用來驅趕老鼠，故日本人亦將其稱爲「*ネズミサシ」，簡稱「ネズ」，但在盆栽界中則是稱爲「杜松」。

此樹種容易塑造舍利，若說眞柏（→P68）充滿曲線美，那麼杜松展現的就是直線美。

杜松自生於日本全國的山地與丘陵地，海岸地帶亦有低矮的「海濱檜」，葉片柔嫩，栽種並不困難。

可惜杜松的枝條很容易枯竭。雖可將枯竭的部分做成神枝以提高觀賞價值，但與眞柏相比，杜松的舍利幹與神枝容易老化剝落，不易管理。此外，摘芽也很耗時。

想要展現盆栽的氣韻需要一段時間，因此建議先利用其他樹種累積至某一個程度的經驗後再來挑戰。

培植月曆

1月	2月	3月	4月	5月	6月	7月	8月	9月	10月	11月	12月
		換盆	摘芽		摘芽		摘芽				
		纏線									
	固體肥料（每月一次）							固體肥料（每月一次）			

◀樹高 13cm

日名	トショウ、ネズミサシ、ネズ、ムロ、モロノキ
別名	剛檜、崩松、棒兒松、軟葉杜松、檉、樅、木楿、天楿樹、松楊、香柏松
英名	Needle juniper
學名	*Juniperus rigida*
分類	柏科 刺柏屬
樹形	直幹、模樣木、連根、懸崖、集合種植

＊譯註：「ネズミ」意指老鼠，「サシ」意指刺扎。

日常管理的「訣竅」

放置場所
喜日照充足、通風佳的地方，但耐熱不耐寒，因此冬天要盡量避免受到寒風吹襲。

澆水
喜水。因此表土乾燥時要澆上大量的水。夏天一定要注意，千萬不要缺水。

肥料
4月到秋季這段生長期間必須重複摘芽，為避免樹木變得衰弱，每月都要置放一次粒肥。不過盛夏之際要斟酌用量。

換盆
過去一直以為5～6月是最佳時期，但近幾年來發現在1～2月的寒內換盆的話並不會影響到早春吐芽。每隔3～4年需換盆一次。

病蟲害
預防蚜蟲以葉水最為有效。一旦發現蚜蟲，就要立刻噴灑殺蟲劑。

培養—換盆

過去「因爲根部生長速度慢，所以要在5～6月換盆」是培植杜松的常識，但近年來在寒內也可換盆，這樣反而比較不會傷到樹木，因而慢慢成爲主流方式。

2月從盆缽中將球根拉起的狀態。3年分的根系層層纏繞，可從表面看見新長的白根。根部的生長速度快，由此可看出換盆時期到了。

創作—摘芽

杜松是朝直線方向生長，想要修成均衡樹態需要一段時間，加上葉片茂密，若要維持樹形，就必須勤勞摘芽。

樹芽茂密，就算已經摘過芽了，依舊會再吐出芽來。生長期間要經常用鑷子摘芽，以免葉片過於茂盛，並且通通集中在某一處。

BEFORE

除了枝梢，前年以前生長的枝條也吐出茂盛的新芽，一時看不見枝條。保留葉片的話會過於旺盛，有損整體的氣氛。

AFTER

幾乎摘下所有的新芽，可清楚看出枝條的模樣。想要維持這樣的樹姿，就必須不斷摘芽。

進化—範例

範例 — ❶

一柱擎天的舍利幹是展現杜松莊嚴魅力的佳作。不容易維持的舍利部分占了相當大的比例，名為「生幹（吸水線）」的褐色樹幹氣氛沉穩。枝條粗，葉片均衡，氣勢文雅，充分展現出杜松特有的韻味。

樹高 100cm ▶

東北紅豆杉

自生於以北海道爲中心的寒冷地帶以及日本全國的山地，耐寒健壯。在庭院樹木中深受喜愛、屬於灌木類的伽羅木算是東北紅豆杉的突變種之一。

東北紅豆杉的樹幹有根紅芯穿過，加上不容易腐敗，在各種木材中堪稱第一名，故日本人才會稱其爲「一位」。傳聞這也是貴族的笏使用的材料。

東北紅豆杉樹勢強，吐芽茂盛，只要不斷摘芽，就能讓葉片集中在枝梢，形成枝棚。樹姿優美、充滿光澤的常綠葉擄獲了不少人的心。

長年培養後樹幹若發黑，只要刮除表面，就會露出紅色幹肌，這算是東北紅豆杉特質。也能製作舍利，而且還出現不少舍利幹與幹肌在對照之下展現出優美姿態的古木名品。

培植月曆

1月	2月	3月	4月	5月	6月	7月	8月	9月	10月	11月	12月
		換盆					摘芽				
			纏線・拆線				纏線・拆線				
		肥料					肥料				

樹高 18cm ▶

日名	イチイ、オンコ、アララギ、水松
別名	日本紅豆杉、赤柏松、紫柏松、朱樹、水松
英名	Japanese yew
學名	*Taxus cuspidata*
分類	紅豆杉科 紅豆杉屬
樹形	直幹、雙幹、模樣木

日常管理的「訣竅」

放置場所
畏乾燥，與其放在日照充足的地方，放在日陰或半日陰的環境下反而比較容易生長出美麗的樹姿。

澆水
喜水，別名「水松」。放在日陰底下培植時就算澆上大量的水也沒關係，可是缺水的話反而會變得衰弱，故要留意，千萬不要讓土壤過於乾燥。

肥料
想要讓常綠葉永保翠綠，就必須釋放較多的肥料。像是葉片生長的春季與準備過冬的秋季，每個月都要置放一次粒肥。

換盆
平均每2年換盆一次。在芽快要吐出的早春前換盆，對樹木比較不會造成負擔。

病蟲害
不管是病變還是蟲害均抵抗力強的樹木。但在日陰底下培植的話，必須注意黴菌滋生。

創作—纏線

以材質結實而廣為人知的樹種，枝條很早就會變得堅硬，加上彈力強，因此要在生長的枝條上纏線，使其回到原來的模樣，並且趁枝條還幼嫩而且細長時塑形。

插枝4～5年生。利用伸展的第一要枝架構出半懸崖（▶ P23）樹形。先剪除多餘的枝條，只留下2～3片底部的葉片，以降低枝梢的成長點。

將整個樹形修剪成不等邊三角形，同時塑造出半懸崖。葉片分量約一開始的三分之一。之後就朝預想的三角形來修剪突出的部分。

纏線時要摘除一些葉片，在濃密的綠葉間留些空間。葉根部分會吐芽，所以要一邊預測今後的樹形，一邊調整葉片分量，盡量不要過多或過少，這點很重要。

1 從枝幹根部開始在塑造樹形最重要的差枝（第一要枝）上纏線。

2 金屬線捲到有葉片的地方時不要把葉片捲進去，盡量掛在枝條上。

進化—配盆

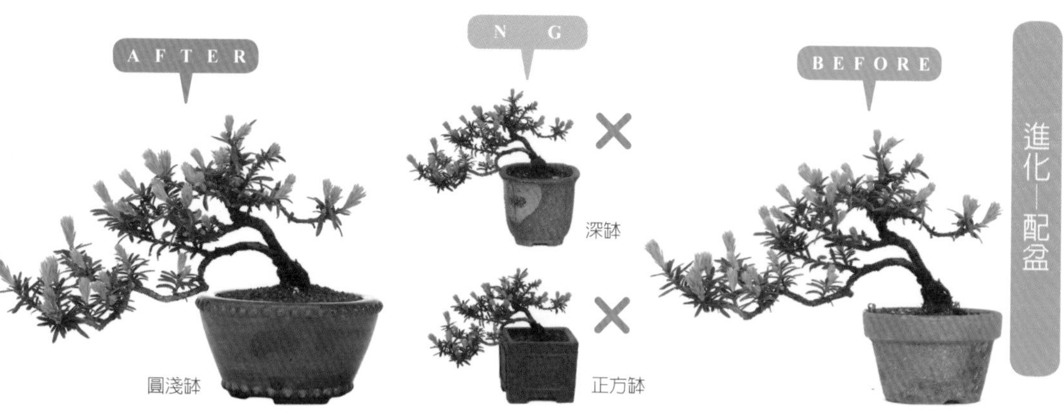

纏好線後經過1年多的樣子。秋季芽數會增加，而切芽的地方又會再吐出許多新芽，因此要考慮到這種吐芽性質來調整葉片分量。樹形塑造好後就能配盆。

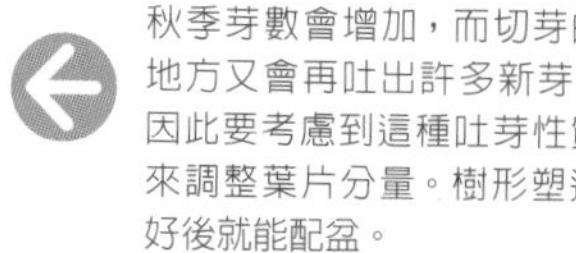

作業步驟同換盆，既然要將培養在素燒盆的植株移到觀賞缽，那就要挑選適當的盆缽。這裡準備了三種不同類型的盆缽。正方形的盆缽感覺太沉重，讓樹木看起來瘦弱不堪所以NG。深缽也是過於龐大厚重，給人遮掩著樹木的印象。

站在今後要培植的樹形來看，圓形的淺缽空間寬裕，搭配起來也比較均衡，而且很適合擺置在棚架上觀賞。若要陳列在展示會上，就要挑選適合樹木粗細與分量、尺寸略小的盆缽。

杉

因爲杉木花粉症而爲大家熟悉的杉。不過栽種在盆缽裡的杉不開花，不會導致花粉紛飛，所以就算是有花粉症的人也可放心就近觀賞。

杉很好栽培，當作盆栽也很容易塑形。由於本身樹形筆直，能塑造的形狀極爲有限，但也因爲如此，塑形計畫反而比較容易擬定。只要剪枝與摘芽，就能塑造出散發盆栽魅力的樹姿。不管是根部還是樹幹，都是筆直向下伸展的直根性，因此剛開始先培植在略深的盆缽中，之後再慢慢縮小。

只不過栽植在日本全國的杉實際上所有品種均相異，並非全都適合當作盆栽來培植，故建議使用盆栽店利用插枝方式培養的杉來栽培。

日名	椙（スギ）、進木（ススギ）、直木（スグキ）
別名	日本柳杉、日本香柏
英名	Japanese cedar
學名	*Cryptomeria japonica*
分類	柏科 日本柳杉屬
樹形	直幹、雙幹、三幹、株立、連根

◀樹高 23cm

培植月曆

1月	2月	3月	4月	5月	6月	7月	8月	9月	10月	11月	12月
換盆	換盆	換盆							疏葉	疏葉	疏葉
			摘芽	摘芽	摘芽	摘芽	摘芽	摘芽			
		肥料	肥料	肥料	肥料			肥料	肥料	肥料	

日常管理的「訣竅」

放置場所
不怎麼挑剔放置場所。不管是日照處還是日陰處均適宜。但以容易澆水的地方為佳。

澆水
喜濕潤環境，水量一定要多。只要澆上滿滿的水，讓葉片隨時保持光澤，就會長得很健壯。

肥料
多施肥的話會長得更好。要在春季到6月這段生長期間，以及為了儲存力量過冬的9～11月施肥。

換盆
趁幼木還沒長大前培植在略深的大盆缽中，每3～4年換盆一次。當枝條塑整地差不多時再移植到較小的盆缽中，平均每1～2年換盆一次。

病蟲害
與其說是病蟲害，為了預防枝梢枯竭，早春、夏、秋、冬四季均要噴灑殺菌除蟲劑。

創作—裁枝

為了塑造下部充滿安定感的樹形，趁還是幼木這段時期先讓枝條伸展至某個程度，培養成粗枝條後再來裁枝。

這裡的範例是先將杉培植在素燒盆中，在多肥多水的環境下努力培養，讓下枝經過2年的時間盡力伸展。頭這個部分則是利用摘芽來控制高度，進入塑整樹形這個階段後，初春就不再摘芽，使其生長至某個程度。

移植至素燒盆第2年的杉。下枝沒有修剪過，頭也是從春季開始生長。

頭與下枝大幅修剪，塑整出樹形。除了枝條，伸展的芽也剪掉以減少葉片，大致塑造出直幹的樹姿。

從頭這個部分伸展的芽只留下想要當作芯的前年葉，其餘全部用剪刀剪下。另外，要從葉莖根部剪下。因為葉片只要被剪過，切口就會變紅而且枯竭，因此記得只要剪葉莖這個部分就好。

創作—摘芽

塑整樹形後，樹的上半部要不斷摘芽。當嫩綠色的芽開始吐出時，就要用手指將尚柔嫩的芽苞摘下。

下半部則是先讓枝條生長到理想的粗細後再來裁枝，並且隔一段時間重複相同步驟。

BEFORE

剪下

纏線培養

AFTER

裁枝後過1年換至平缽，摘芽以及修整下枝。左邊的枝條是刻意留下來培養的。

芽苞狀的芽用手指摘下。芽梢是成長點，要剔除。

下半部伸展的枝葉用剪刀將葉莖剪下。一邊構想將來的樹形，一邊慎選要裁剪的枝條。

五葉松

自生於高山，在嚴苛的風雪下茁壯成長。提到盆栽，有段時間是五葉松的輝煌時代，之後漸漸以黑松（↓P 64）爲主流，加上高山性這個特色，使得五葉松的素木流通量減少，數量也就自然而然的變少。但悠然豁達的樹姿依舊是五葉松的魅力。若說黑松是強勁有力的代表，那麼五葉松就是風采威嚴的代表。

五葉松的葉片生來短小，且如其名，以五根爲一束成長，因此十分茂密。不需特地剪短，加上每到秋季老葉幾乎都會掉落，幾乎不需照料就能成長。

不過生長的速度十分緩慢，需要經過好幾年的時間幹肌才會出現荒皮性。短時間內無法感受到變化或成長的氣勢，算是要慢慢塑造的樹木。

▶上下 25cm
左右 29cm

培植月曆

1月	纏線
2月	纏線、培育樹苗
3月	纏線、換盆、培育樹苗
4月	切芽、培育樹苗
5月	切芽
6月	
7月	
8月	
9月	肥料
10月	疏葉、纏線、肥料
11月	疏葉、纏線、拆線、肥料
12月	纏線、拆線

日名	ゴヨウマツ、姫小松
別名	日本五針松、日本五須松、五鉞松
英名	Japanese white pine
學名	*Pinus parviflora*
分類	松科 松屬
樹形	直幹、雙幹、三幹、五幹、模樣木、連根、筏生

日常管理的「訣竅」

放置場所
因為葉片茂密，就算氣候有點寒冷，也要選擇通風佳的地方。放置在暖處時要格外留意。

澆水
春季吐芽時期到夏季葉片生長期間要斟酌水量，到夏季的後半段要多澆水。

肥料
與澆水一樣，從初春到夏季這段期間不施肥。為了培養過冬的力量，9～11月平均每個月要施肥一次，但要酌量。

換盆
根部生長速度緩慢，不太會出現根系密實的情況，頻繁換盆反而會破壞氣氛，因此每3～5年換盆一次即可。

病蟲害
密集的葉片容易引來蚜蟲與蟎，加上對黴菌造成的「葉枯病」抵抗力弱，故要多加殺菌預防。

培養—移植樹苗

五葉松市售的素木通常已經培養至某個程度的年數了，所以無法再讓主幹線條彎曲（曲付）。找不到喜歡的素木時，不妨試著從樹苗將其塑造成喜歡的樹姿。從種子培養的樹苗（實生苗）樹軸（樹幹）柔軟，能彎曲。第1～2年生的五葉松樹軸還太細，故以3年生的苗木最爲適當。移植作業需要在2月中旬至3月這段期間進行。

準備的東西

1 為了把苗木固定在盆缽的正中央，就算樹軸沒有辦法彎曲也要纏線。進行曲付時兩根金屬線要錯開，這樣樹軸會比較不容易折斷，而且也比較好彎曲。

彎曲後
彎曲前
金屬線錯開纏繞
固定在缽底的金屬線

2 剪下苗木上方多餘的金屬線，下方的金屬線穿過事先固定在盆眼的網子上。在倒入用土前，金屬線先在缽底彎折固定，這樣比較好作業。

4 樹苗移植後表面覆蓋一層赤玉土並澆水。剛開始用土很容易乾燥，不妨鋪上一層水苔保濕。

3 這裡使用的用土比例是赤玉土2：鹿沼土1。不過用土的調配內容視環境而定，因此要根據經驗來判斷。

盆栽小知識

松類的根部經常有種名為「菌根菌」的共生菌附生，讓根稍如同顆粒般膨脹。把這個部分剔除，往往會讓樹木失去活力，因此要盡量保留下來，不要輕易損傷。

培養—整芽

早春會吐新芽，但任由它生長的話，尤其是五葉松，反而會讓葉片過於密集，導致問題發生。因此這時期要好好地整理芽與葉。

範例中的五葉松樹齡20年，隨處可見吐出的芽。想要讓芽生長的地方必須減少老葉，並且將不希望它生長的芽切除。經過一番調整後，就能確定塑造的方向，樹木也比較容易儲存力量。

培養—切芽·5月

有時到了5月芽會明顯冒出來，其他松類的話到秋季為止是切芽的機會，唯有五葉松到5月中不剪，一旦長成枝，就會延遲成長的時間，因此要及早處理。

整理不希望它生長的芽與需要生長的芽附近的老葉。

冒出新芽，葉片顯得過於密集的樹。

整芽前，也就是早春的樹芽狀態。就算整理過了，活力旺盛的樹還是會再長出新芽。五葉松冒出的芽變成葉片的時間很短，通常會直接形成枝條。

1 剪老葉時以五枝葉片集中的葉房為一個單位，抓住葉片剪除時根部要留下 2mm。使用剪刀不但可預防失誤，剪出來的樣子也比較漂亮。

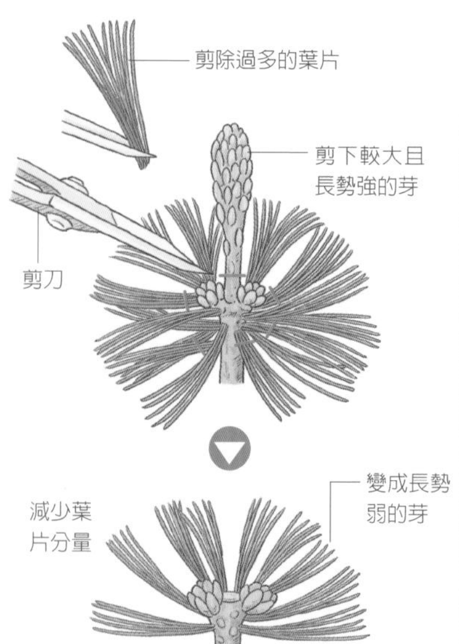

從吐出的芽當中根剪除長勢強的芽。這時只要整理葉片，減少數量，從旁邊冒出的弱勢芽在年內就會變成葉片。

2 芽也是一樣用剪刀剪除。想要讓葉片茂盛的地方就留下長勢強的芽，並且剪除老葉，想要保留葉片的地方就把比較小的芽剪除。

創作—纏線

培植15年的樹接下來要纏線整形。雖是葉性（請參考下方「盆栽小知識」）不太好的樹，但可從主幹的根部纏線，塑造出懸崖樹形。

這裡的枝條形狀是一邊剪枝一邊塑整而成。修剪枝條時不要硬扯使其彎曲，而是要一邊用手觸摸，確認枝條是否容易彎曲，一邊架構想要塑造的樹形。

1 以半懸崖為構想，在預定要彎曲的枝條根部纏上金屬線（銅線）。

2 分別在 3 根枝條上纏繞較粗的金屬線。金屬線的尺寸隨枝條的粗細改變。

3 纏到一半時捲上較細的金屬線，在枝條分岔處各纏一條。

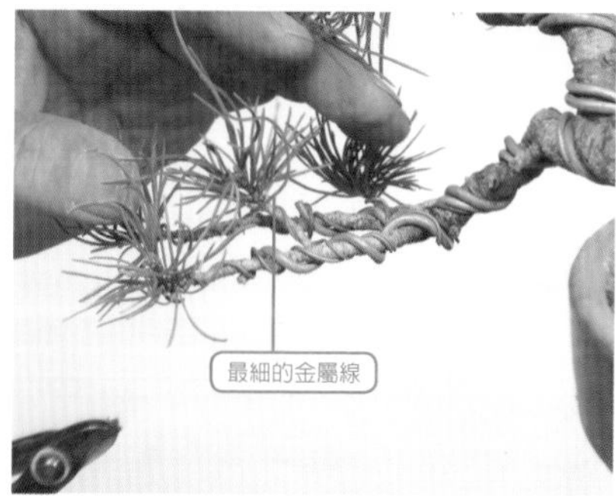

4 枝梢細弱的部分用最細的金屬線纏繞。更換金屬線時，最好與上一條收尾的地方重疊再繼續纏繞下去。

以曲付的方式彎曲主幹的幹基，塑造出懸崖樹形。

根據枝條的粗細纏線，塑整樹姿。

盆栽小知識

五葉松的葉片可分為帶著青白色彩的銀葉與翠綠色彩的金葉。這就是葉性的差異。不妨多觸摸苗木葉片看看。銀葉筆直堅硬的感覺透過指尖實際感受到。若要營造出莊嚴的氣氛，那麼銀葉會比較合適。

範例 — ❷

一開始架構的是文人木，經過一段時間後演變成斜幹樹形。線條圓滑的頭訴說著樹齡。這是文人木的最後階段，接下來可藉由改作將頭修正地更小。

樹高 17cm ▶

銳角部分並不尖銳的不等邊三角形是盆栽經過一段歲月後凝縮而成的表現。

範例 — ❶

從模樣木慢慢進展到蟠幹模樣的樹形。頭部線條圓潤，大致塑整的不等邊三角形充滿韻味。從鋪上一層綠苔的根部可看出幹肌的荒皮性，代表這棵樹已經歷了一段歲月。

◀樹高 16cm

範例 — ❸

雖嬌小，卻是經過 15 年的石附樹形。五葉松不需經常澆水，所以能以各種樹形來展現。

樹高 12cm ▶

範例 — ❹

算是居於懸崖與大懸崖（▶ P23）間的樹形。根張的底部為「裂枝（枯竭的部分）」，讓人聯想到氣候千變萬化的大自然與歲月，充分展現出在嚴峻的環境之中成長的大樹魄力。

▲上下 16cm ／左右 26cm

雜木盆栽

ZOUKI–BONSAI

櫸｜榔榆｜唐楓｜縮緬葛｜姬沙羅｜雞爪槭｜遼東水蠟樹｜臭黃荊｜木蠟樹｜龍神地錦｜夏地錦｜百日紅

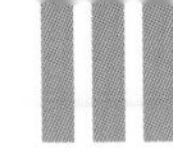

欅

自生於日本全國平地，樹枝朝天空伸展的模樣引人注目，營造出家鄉的恬靜風景，讓人忍不住想要把這個縮景放在身旁，細細體會。在盆栽中是自古以來深受大家喜愛的樹種。

擁有紅、橙、黃三色的紅葉，到了冬天葉片就會紛紛掉落，只留下細長紙條的寒樹，加上再次吐露新芽的嫩葉，每一個季節展露的樹姿精彩繽紛，就算宛如雜木林般與其他樹種一起培植，一樣風姿綽約。

欅的個體差很大，紅葉的色澤各有差異，有適合塑造成掃立的樹性，也有葉片細小的類型，但只要經過某個程度的矯正，通常都能塑造成形。

本書未介紹的朴樹基本上培養方式同欅，所以也能觀賞到一樣的姿態。

培植月曆

月份	換盆	摘芽・剪枝	剔葉	肥料	疏葉	整枝
1月						
2月						
3月	■					
4月	■	■				
5月		■				
6月		■	■			
7月						
8月				■		
9月				■		
10月				■	■	
11月					■	■
12月					■	■

▶樹高 21cm

日名	ケヤキ、槻（ツキ）
別名	紅雞油、台灣櫸、櫸榆、椎油 雞母樹、台灣鐵、光葉櫸樹
英名	Japanese zelkova
學名	*Zelkova serrata*
分類	榆科 欅屬
樹形	掃立、株立、集合種植

日常管理的「訣竅」

放置場所
喜日照充足，通風佳的地方。日照不足，就會生長緩慢。

澆水
喜水，因此每天要澆上大量的水。平野中的樹木只要生長在水源充沛的土地上就能變成一顆巨木。

肥料
從夏季到秋季平均每一個月施肥一次。多肥固然可讓枝條伸展，卻很容易破壞樹姿。夏季以後施肥可讓枝條更加茂密。

換盆
幼木1～2年換盆一次，成長穩定後改為2～3年換一次。換盆時只要讓根部粗細一致，就能培植出美麗的樹形。

病蟲害
新芽吐出時期為了預防蚜蟲與病變，冬季要塗抹殺菌除蟲劑，到了初春則改用噴灑的方式。

培養—換盆

櫸的生長力很旺盛，放在盆缽中培養根系容易分布不均。櫸在盆栽當中是為了欣賞直立樹姿美的樹木，所以換盆時最重要的就是調整根系。尤其是粗根會集中吸收養分，如此一來整體的模樣就會偏歪傾斜。

尤其是幼木的根部長勢強，雖生育速度有點緩慢，但只要頻繁換盆，還是能培植出樹幹茁壯直立、線條細膩的樹姿。

1 挖除土壤與細根。鑷子從根部朝放射線方向撥動，將土剝落。

2 大致將較長的根系剪短，並且與枝條擴展的形狀相同。

3 仔細觀察根部的模樣，找出沒有朝放射線方向伸展的粗根。

4 用剪刀將方向不一樣的根或是從粗根衍生的根系剪短，讓整體更加均衡。

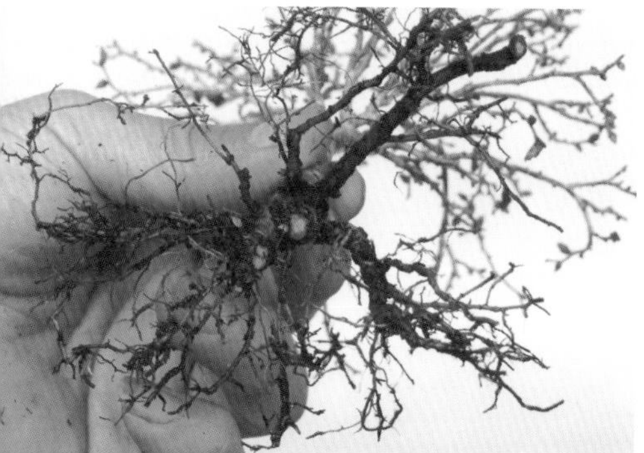

5 正中央若有筆直朝下伸展的粗根，就一刀剪短。

6 剪短後放太久的話根部會開始變得虛弱，因此接下來要進行配盆。

（續下頁）

盆栽小知識

櫸要換盆時最好挑選芽開始吐露的時期。當枝梢出現小小的綠芽時，就代表換盆時期到了。

培養—換盆後的施肥

櫸纖細的枝條十分美麗，就算換盆也不用施肥，但需要不停摘芽的幼木與衰弱的樹木就必須要使其茁壯成長。

這時可使用少量的置肥或液肥，將搗碎的油粕肥撒在表土上也行。這麼做效果十分平穩，適合一開始要在樹木上均勻施肥時。

1 用鉗子將油粕肥在已經倒入用土的容器中壓碎。

2 壓成和土壤的微塵一樣細，與土壤混合後就看不出來。

3 一邊注意不要讓肥料直接觸碰到樹幹，一邊用盛土器將其撒在水苔上。一個禮拜當水苔的顏色變得更加翠綠時，就代表肥料已經開始發揮作用了。

7 金屬線穿過盆缽，鋪上一層較粗的赤玉土，準備好換盆工作後，再繼續將根系剪短。

8 根系剪得很短的形狀。進行到這個狀態時盡量不要讓根部接觸空氣太久，要儘快移植。

9 樹放在赤玉土上，土覆蓋著根部的切口，並且用金屬線固定樹根（▶ P39）。

10 表層覆蓋一層顆粒較細的用土後立刻澆水，並且置於半日陰的環境下養生，直到吐芽。

創作—摘芽

一到春天枝條伸展，葉片也會更加茂密，尤其是櫸，生長十分旺盛，而且樹齡愈輕，長勢就愈強，因此要及早處置。

伸展的枝條有的會冒出2～3個芽，有的只有1個，各有不同。但若置而不理，會出現極大差異，就連樹姿也會變得凌亂不堪，因此需要摘芽，取得平衡。

只要事先不讓葉片過於茂密，並且放在通風佳，日照均勻處，就能有效預防病蟲害。

創作—抑制力量

葉片面積愈大，活力就愈旺盛，這也是造成樹形偏歪的原因，因此要儘早修剪葉片的大小以控制力道。

當樹木還是幼木時可用手輕輕抓住整個枝條剪齊，這樣就能呈現線條自然的半圓形，同時修剪突出的葉片。

BEFORE

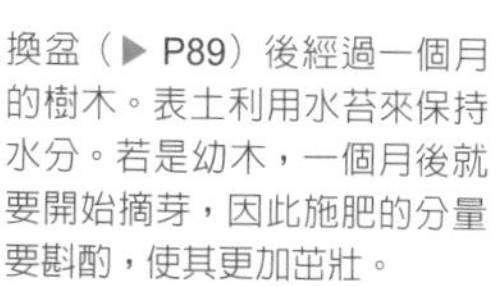

換盆（▶ P89）後經過一個月的樹木。表土利用水苔來保持水分。若是幼木，一個月後就要開始摘芽，因此施肥的分量要斟酌，使其更加茁壯。

突出樹形輪廓的枝條與葉片修剪整理。冒出2～3個芽的枝梢修剪時要用剪刀，只有出現在葉片正下方的芽可用指尖直接摘下。

面積較大而且醒目的葉片要配合輪廓剪下一半。如此一來面積嬌小的葉片也能均勻地照到陽光。

當樹木還是幼木時可抓住所有枝條，從上方一刀剪下，這樣攤開時就會呈現線條自然的半圓形，也能塑造出一個基本的樹形。

POINT
掃立樹形的重點，就是樹冠要呈半圓形。

盆栽小知識

葉片茂密、枝條糾結，整個纏繞在一起的地方可用類似筷子的棒子輕輕疏開，這樣就能清楚看出生長的方式與樹形。可一眼看出突出輪廓的部分若能事先處理，之後在進行摘芽與剪枝時會更順利。

盆栽小知識

枝數過多的話枝根會變得很粗壯，這樣反而會出現不協調的感覺。這時要將橫枝裁切下來，調整樹形，但櫸若在傷口上塗抹市售的癒合劑反而會更容易出現凸瘤狀，因此這時可塗上一層墨汁，以免雜菌入侵。

創作—整理忌枝

櫸的忌枝（沒有朝放射方向伸展的股枝、橫枝與直立枝▶ P37）要趁還沒有變粗時不時地修剪，這樣才能降低對樹木的傷害。

創作—整理徒長枝

AFTER

BEFORE

櫸在春季生長速度快，一旦修剪速度慢，徒長枝就會愈來愈醒目。除了徒長枝，這時順便整理枝葉與摘芽也不會影響到樹木生長。

創作—冬季矯正枝條

到了落葉紛飛的冬季可清楚看出枝條的模樣。3～4年生的幼木當中若有枝條分叉，使得空間變得更大的情況出現，從晚秋到冬季這段期間就要把枝條捆綁在一起以調整樹性。

●樹性的矯正方法

輕輕地將金屬線在根部繞一圈，接著朝枝梢一圈一圈地捆起來。不需綁得太緊，以免對枝根造成負擔。

<矯正時期>
在準備過冬前，也就是葉片從枝條掉落的2～3周內進行即可。

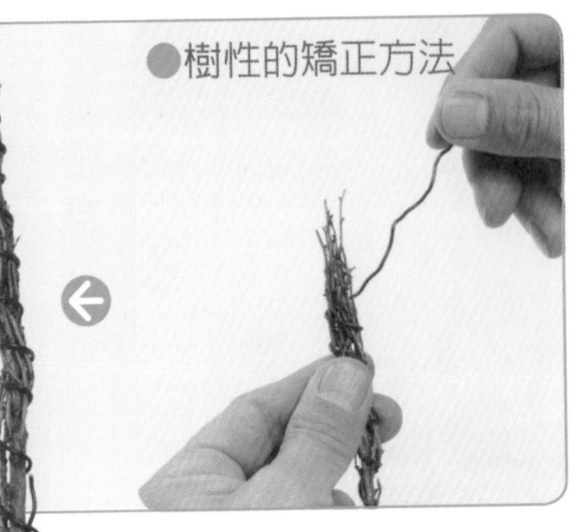

◀樹高 17cm

範例 — ❶

粗枝分岔，描繪出豐富動線的逸品。略為偏右的幹基與朝左流動的枝條間架構平衡，細枝到枝梢疏散的模樣亦十分美麗。與盆缽、青苔的搭配協調，凝望之際將人的思緒帶領到一個更加寬闊的幻想景色中。

樹高 19cm ▶

範例 — ❷

根部的粗細訴說了歲月，由此筆直衍生、毫無分枝的姿態是這棵樹的韻味。晚秋泛紅的櫸葉色彩繽紛，展現出綽約樹姿。

◀樹高 18cm

範例 — ❸

利用纖細的枝條強調櫸原本模樣的掃立樹形。只要望著從主幹一口氣分出枝條的樹姿，腦海裡就會浮現站在櫸木底下仰望的構圖。堪稱開放感洋溢的傑作。

榔榆

榔榆雖是屬於落葉樹的榆，不過葉片嬌小，類似櫸葉，故在日本的盆栽界中稱爲「にれ欅」。自生於日本本州中部以西，不過全國各地均生長。

直幹長粗的速度快，枝條容易伸展，以小品盆栽來講算是容易培植的樹種。此外還能塑造成被稱爲迷你盆栽、袖珍盆栽的「手掌尺寸」，就連初學者也能體會到盆栽的樂趣，是值得推薦的樹種。

秋季黃葉色彩鮮明，枝條細膩，到了冬季展露的裸木姿態優雅動人，新芽的色彩更是明亮可愛，四季變化豐富，作爲盆栽觀賞時，萬變的姿態可說是最迷人的地方。此外還有新芽宛如花朵綻放的「友禪櫸」之類的黃葉種，以及葉片會出現斑紋的樹種。

培植月曆

	1月	2月	3月	4月	5月	6月	7月	8月	9月	10月	11月	12月
摘芽・切芽・剪枝				●	●	●	●	●	●			
換盆			●									
壓條					●	●						
疏葉										●	●	●
纏線												
肥料			●	●	●	●	●		●	●	●	

＊視情況拆線

▶樹高 7cm

日名	ニレケヤキ、アキニレ、ヤマニレ イシゲヤキ、カワラゲヤキ
別名	小葉榆、秋榆、掉皮榆、豺皮榆、 撓皮榆、構樹榆、紅雞油、紅雞榆、 鐵樹、脫皮榆、枸絲榆
英名	Chinese elm
學名	*Ulmus parvifolia*
分類	榆科 榆屬
樹形	雙幹、三幹、模樣木、掃立、 連根、筏作

日常管理的「訣竅」

放置場所
不管是日照充足還是半日陰，都能茁壯成長。陽光足夠，樹木固然長得好，但夏天要注意葉燒。

澆水
水分愈多，枝幹就會長得愈粗；控制水量，生長速度就會變慢。不過榔榆耐乾燥，因此培養方式可根據水的多寡來調整。

肥料
基本上算是生長速度快的樹種，因此肥料的分量要多一點，次數也要增加。肥料不夠的話，樹木就會減少枝條的量，這樣反而會在料想不到的地方出現枯竭。

換盆
根部伸展速度快，因此要注意，不要讓根系整個纏繞在一起。幼木成長穩定後1年一次，或至少2年就要換盆一次。

病蟲害
新芽吐出時除了蚜蟲，天牛等害蟲也會跟著出現，因此要噴灑浸透性殺蟲劑來預防。

培養—摘芽

生長旺盛，春季從枝條吐出新芽的速度很快，因此要儘早摘芽。摘下芽的地方會再冒出新枝，若要修剪出細長的枝條就一定要進行這個作業。從春季到夏季這段生長期間盡量進行兩次。

就算是配合想要塑造的樹形摘下芽，沒多久還是會再冒出新芽。因此初夏摘芽時，不妨修剪成比預想的輪廓還要小一圈。如此一來到了秋季就會變成心中所想的均衡樹姿。

櫸榆生長速度快且旺盛，對於環境變化很敏感，只要水與肥料的分量變少，就會立刻調整成適應該情況的型態。適應力雖高，但枝條卻很脆弱，容易斷裂，因此在摘芽或纏線時要特別小心留意。

5月中旬新芽會變成葉片，有的地方還會伸展出枝條。若放著不管，枝條就會愈長愈茂密，因此要摘芽，大致整頓出輪廓。

芽梢柔軟的部分可用手指或鑷子摘下，不過枝條伸展的部分最好用剪刀剪。枝梢的芽剪除後，旁邊的芽會生長成比較細的枝條。在這個階段直接從橫枝與樹幹吐出的「側芽」也要剪除。

50天後

7月下旬，上方摘過芽的樹木長了不少徒長枝，也有很醒目的粗枝，讓人感受到生長速度之快。

用剪刀剪除多餘的枝葉，並且修剪地比預想的樹形還要小一圈。但枝條容易斷裂，千萬不要過於大意，把需要的枝條折斷。

培養—換盆

榔榆一旦開始吐芽，生長速度就會變快，因此要趁早換盆。

用土方面，想要加快成長速度，就用小顆粒的赤玉土1：鹿沼土或桐生砂1等略粗的土調配出一個排水性佳的環境，移植後等樹姿穩定下來，再來增加赤玉土的比例。

1 過冬後冒出了徒長枝，因此要先整枝修枝後再來換盆。

2 粗根纏繞成一圈是這個樹種的特徵。大致剪開，疏鬆根系。

3 鋪上一層薄薄的用土，剪短的球根配合盆缽大小，用金屬線緊緊地固定後再倒入用土。

創作—壓條1

生長速度快的樹木有時會長得比想像中還要高。不僅如此，有時還會出現沒有按照一開始架構的樹形生長，或在看著樹木生長時想要修剪的情況。這時可用「重做」這個技術，也就是採用壓條（→P46）的方式。榔榆發根性佳，適應力強，算是容易壓條的樹種。而在進行作業的過程當中，樹皮（形成層）也會比較容易剝除。

●準備發根劑（▼用在P98・7）

準備粉狀發根劑、水盆、水、衛生紙等用品。

取適量的粉，加水調成泥狀。

衛生紙沿著直線紋路撕成1～1.5cm寬的條狀。

將條狀衛生紙浸泡在調開的發根劑中。亦可用水苔替代衛生紙。

衛生紙要整個沾上發根劑，盡量不要因為澆水而滴落，同時盡量讓效果均勻分布。

夾起浸泡藥劑的條狀衛生紙。這麼做會比把發根劑調成泥狀後直接塗抹在上面還要簡單。

但不管有多強健，對於樹木來說，這算是切除養分輸送處的大手術。

就算樹皮剝除後只留下一層薄薄的綠色形成層，樹木會利用結痂的方式來覆蓋傷口，如此一來就會無法發根。另外，接觸到發根劑的傷口有時還會潰爛腐壞。

在這情況下就必須好好照顧樹木，進行作業時以及作業結束後都要細心照料。

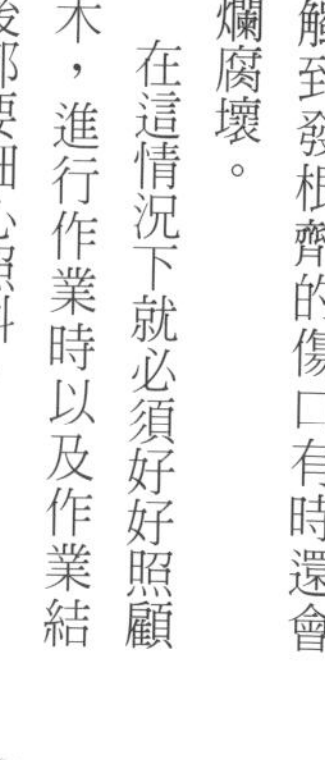

1 一開始先剪枝。一邊構思想要重做的樹形，一邊修整樹姿。

2 接下來在長出新樹根的地方與根部露出範圍的 1.5 倍處刻出兩條圈狀的切口。

3 在上下兩條切口間筆直刻出一條切口，接著再用接木刀剝除樹皮。

4 慢慢地削下形成層，但不要削的太深，以免樹幹斷裂。（→續下頁）

春季摘芽後枝條生長，而且樹木也長高不少，因此決定用壓條的方式重做。

壓條準備工作結束。樹皮剝除的地方覆蓋一層水苔之後，再用塑膠袋包起來（▶ P46）。

創作—壓條2

壓條工作準備好後過一個月，就可從塑膠袋清楚看出生長出來的根系。過了兩個月後會開始冒出許多細根，這是壓條完成為止需要花費的時間。

這裡我們以移植上方樹木為例，壓條後的切株當然還活著，而且過沒多久就會吐出枝芽。下方的枝條，壓條後兩缽亦可同時栽種。

兩個月後

細根增加，幾乎快把塑膠袋給擠開。這時可著手進行壓條的最後階段。

5 大致削好的樣子。淡茶色與綠色部分還有一些形成層。

6 刀子用削薄片的方式將形成層刨下來，結束後準備發根劑。

7 將整個沾上發根劑的衛生紙捲在上面，盡量不要觸碰到樹皮剝除的部分。

8 樹皮剝除的部分捲上濕潤的水苔後，再覆蓋一層塑膠袋。

進化—範例

就算經過的年數不久，櫸榆卻是樹幹與根部都能散發出獨特風格的樹種。嘗試各種的技巧就能早日看到塑造的成果眞的會讓人大爲振奮，可說是一邊樂在其中，一邊磨練盆栽技術的最佳樹種。

範例 — ❶

露根樹形。換盆時將變粗的根當作樹幹塑造的樹形。雖還算是幼木，但搭配了一個適當的盆缽，完美架構出一個均衡姿態。

樹高 14cm ▶

範例 — ❷

P94 的作品其實只有手掌大小。只要不斷重複摘芽與換盆，就能體會到極小的巨木感，這就是小品盆栽的醍醐味。

◀樹高 7cm

1

先修整為了保留樹木生長根部的力量而姑且放置不處理的枝葉。長得太過突出的徒長枝可先剪下。

2

拆下塑膠袋，大致剝下水苔，可看到根部狀況。仔細觀察，上下若冒出不需要的粗根可趁這時整理。樹幹用「叉枝剪」（▶ P31）慢慢剪下。

慢慢地剪下樹幹，盡量不要傷到根部。

3

從長出樹根的正下方切開樹幹後，剩下的樹幹再用「叉枝剪」等工具裁剪至樹根處。要注意的是若一口氣把樹幹或凸瘤剪下的話，樹幹反而會裂開。

切除樹幹

4

根系整理後剪短，之間的水苔也去除。壓條後雖可暫時採用植入的方式栽種，不過這時先將根部疏整好，這樣對樹木比較不會造成負擔。

5

將根剪短後植入盆木。鋪上一層水苔，保持濕潤，讓樹木養生，直到根整個長出為止。

唐楓

槭樹科槭屬的植物種類不少，但在盆栽界中若是提到楓，指的通常是掌葉三裂的唐楓與變種的宮樣楓。另外一種槭屬的伊呂波槭等數種園藝品種則是稱爲「雞爪槭」（→P112）。

唐楓正如其名，來自中國。枝條纖細，能塑造出各種的樹形。另外，玲瓏小巧、色彩繽紛的紅葉更是美不勝收。

近年來栽種的行道樹常見楓，可見這種樹十分健壯，而且生長旺盛。耐寒耐暑，加上生長速度快，枝條與樹根沒多久就會筆直伸展。想要培植出一棵美麗的楓，就必須不斷修剪。

可說是只要多加照料，付出多少就會回應多少的樹木。

培植月曆

	1月	2月	3月	4月	5月	6月	7月	8月	9月	10月	11月	12月
換盆			●									
剔葉						●	●	●	●	●		
摘芽・切芽・剪枝				●	●	●	●		●	●		
肥料				●	●	●			●	●		
纏線			●	●	●							

*視情況拆線

▶樹高 19cm

日名	カエデ、唐楓（トウカエデ）
別名	三角槭、三角楓
英名	Trident maple
學名	*Acer buergerianum*
分類	槭樹科 槭屬
樹形	直幹、模樣木、懸崖、風翩、株立、集合種植

日常管理的「訣竅」

放置場所
喜日照充足、通風佳的地方。但除了以上的環境條件，放置在隨時看得到、隨時能修剪的地方也很重要。

澆水
需要不停剔葉，多澆水無妨，新葉會接二連三吐出芽。

肥料
在持續剔葉的這段期間平均每個月要頻繁地施肥一次。幼木時多施肥可促進生長，但當枝條變得纖細時，就要酌量施肥。

換盆
根部生長速度快，因此要在根系纏繞前換盆。可以的話盡量1年換盆一次。

病蟲害
為了預防早春的蚜蟲與白粉病，必須提前使用除蟲殺菌劑。至於預防天牛，在冬季噴灑殺菌除蟲劑最為有效。

培養—換盆

唐楓若要換盆，最好是在吐芽前進行，因爲此時樹勢強健，所以葉片長出後就可換盆。加上根部生長速度快，若出現根系快要塞滿的徵兆時，就算正值梅雨季節也要換盆。

在春季葉片生長期間換盆時若切除根部，幼葉會因爲缺水而枯萎。所以事先將整顆樹剔葉（↓P36）後再來換盆的話，就可減輕樹木的負擔。

春季葉片茂盛的狀態。此時葉片還很柔嫩，倘若將根部切除，反而會讓葉片枯萎，因此要在換盆前全部剔除。

配盆並且換盆後的模樣。表層鋪上一層水苔以保持濕潤，盆缽也略為傾斜擺放，讓水更加容易排出，並且置於半日陰處養生。

1 葉片要一片一片地用剪刀從葉柄的中間剪下，盡量不要傷到小枝條。不需要的枝條可順便整理。

2 剔葉後的模樣。看清樹姿後，配盆時也比較容易架構樹形。

3 從盆缽中拉出時，會看見層層纏繞的粗根。放置不處理的話會導致水分與營養不足狀態出現。先用剪刀大致剪開，接著再一邊疏開，一邊剪細，慢慢整理。

4 根部剪短至剩下整體的五分之一。這時可準備配盆及盆缽。（←續下頁）

創作─剔葉

像唐楓與雞爪槭等可欣賞到紅葉的雜木類，剔葉可說是很重要的作業。不會過於厚實的葉片才能展現出美麗的紅葉，所以只要勤奮剔葉，就能提升品味。

整棵樹剔葉每年只要進行一次就夠了，之後又再長出的強勢葉只要趁柔嫩時摘下就好。重複這個作業可抑制葉片生長，若再利用肥料使其更加茁壯的話，樹幹也會充滿活力。

AFTER

BEFORE

對樹木來說，剔葉等同於失去陽光的補充來源。為了補充減少的養分，作業後一定要施肥，這樣才會出現好成果。

1 長勢強而且看得見的部分正下方若發現吐芽的新葉，就捏住2～3片，將其摘下。

2 摘下葉片時要注意力道，盡量不要拉扯枝條。多摘幾次，最後只要用手大致將可摘下的部分剔除就好。

5 缽底網（▶ P33）與金屬線固定在盆缽中（▶ P39）後，鋪上一層缽底石，暫時將球根放在上面。

6 觀察樹幹與枝條的均衡狀態後決定位置。此處的唐楓略為偏左，利用前後的金屬線將其固定。

7 鉗子拉住金屬線，用力捆緊。若沒有好好固定住，樹根很容易亂長。

8 倒入用土，筷子用戳的方式細心地將土塞入縫隙中。

樹高 14cm ▶

範例 — ❶

株立樹形。色彩鮮豔的紅、橙、黃三色交錯，風韻深邃，這正是楓紅的魅力。綠苔完美地襯托出落葉，讓人不禁聯想到輝煌耀眼的秋景。

◀樹高 11cm

範例 — ❷

優美的雙幹樹形。初秋的青葉充滿涼意，清爽舒適。不管是均衡還是盆景，均不拖泥帶水，俐落美麗。

樹高 15cm ▶

範例 — ❸

讓人聯想到因為壓條而形成的石附樹形。根部緊緊抱著石頭，十分特別。另外，多數延伸開展的細小枝條也相當迷人。

◀樹高 17cm

範例 — ❹

因為類似大和戰艦的艦橋，英姿綽約，故取名為「大和」的逸品。粗大的枝幹是利用剪短的造型手法讓成塊的樹幹慢慢伸展出枝條，形成獨特的樹姿。每一根枝條的動線更是表情豐富，充滿生氣勃勃的魄力。

頭部是慢慢伸展開來的不等邊三角形。底邊比盆缽還要寬，讓樹木看起來很龐大，豪邁而且活力充沛。

縮緬葛

「縮緬葛」是盆栽名，植物名是定家葛，園藝品種之一。定家葛是枝條變種的小型品種。與基本種相比，葉片很嬌小，而且葉梢呈尖細的披針形。

葉面縮皺，除了綠葉，還有多了黃色與白色斑點的品種。只要慢慢地縮小盆缽，葉片的形狀也會愈來愈小。

光澤亮麗緊實的葉片通年常綠美麗，到了秋季，成熟的葉片會轉爲一片火紅，成爲紅葉，彷彿錦織般的綾緞，令人屏息。另外，幹肌細膩的紋路更是基本種縮緬葛缺乏的魅力。

屬藤蔓性，枝條一旦徒長就會變得鬆散，因此要不斷地剪枝，讓樹幹變粗，枝條更加密實。

培植月曆

	1月	2月	3月	4月	5月	6月	7月	8月	9月	10月	11月	12月
換盆				■	■	■	■					
插枝・摘芽・剔葉・剪枝			■	■	■	■	■					
整枝				■	■	■	■					
肥料			■	■	■				■	■	■	
纏線・拆線			■	■	■	■						

◀樹高 16.5cm

日名	チリメンカズラ、テイカカズラ チョウジカズラ、マサキカズラ
別名	定家葛
英名	Japanese star jasmine
學名	*Trachelospermum asiaticum* 'chirimen'
分類	夾竹桃科 絡石屬
樹形	模樣木、懸崖、石附

日常管理的「訣竅」

放置場所

成長期置於日照充足的地方可茁壯成長，但盆缽縮小後，下午最好放在日陰處，也就是採用半日陰的方式來管理。

澆水

大量澆水可促進生長。夏季早晚要多澆水，冬季的休眠期則要斟酌，但要注意，千萬別讓表土過於乾燥。

肥料

喜多肥，生長期平均每個月施肥一次。想要剔葉增加芽數時，就必須先讓樹木茁壯生長才行。

換盆

換盆間隔約每3年一次。為了讓枝葉細膩密集，根部也要增加，這樣徒長枝比較不容易長出來，樹木也會比較容易培養。

病蟲害

新芽吐出時會遭受蚜蟲侵襲，除此之外無其他病蟲害。傷口治癒速度快，屬於健壯的樹種。

培養──摘芽

縮緬葛的芽並不是從葉柄，而是直接從枝條中吐出。從整體樹姿中突然冒出來的芽與讓葉片左右不對稱的芽最好連同枝條一起剪下。因為若只是摘下葉芽，新芽沒多久就又會再吐出，這樣反而會讓枝條長得更長。

培養──剔葉

成熟的主葉上吐出兩個芽時，下方較大的主葉就要從根部剪下。因為大葉片繼續生長的話，會增加枝條伸展的力量，這樣反而會形成讓徒長枝容易生長的環境，因此要抑制這股力量，並且將其分散到有許多短枝生長的方向上。

培養──整理徒長枝

朝四面八方伸展、藤蔓性植物特有的徒長枝會在長出葉片的節間各自伸展，活力十分充沛。

POINT
找到徒長枝，剪刀貼放在根部，將其剪下。

長勢強的徒長枝只有枝條會變粗，樹幹部分並不會有所改變，使得根部呈現瘤狀，因此要趁早從枝根剪下。

藤蔓性樹種的特性就是枝條會叢生，四處蔓延。枝梢一旦觸碰到東西，就會纏繞攀爬，尋求日照更加充足的地方。

作爲盆栽培植的話就必須要不斷地利用摘芽與剔葉來抑制力量，如此一來就能塑整出以樹姿小巧、茁壯生長的形狀。另外，趁樹木還是苗木時纏線，讓枝條充滿方向性，也能成就出各種的樹形。

只不過有些苗木會從短小的樹幹不斷冒出枝條，讓人難以架構理想的樹形。因此在將樹苗拉出盆缽換盆前，先從枝條的粗細與動線看出主枝的方向，容易彎曲的部分也順便確認。只要多加練習配合樹木的個性來構思，就能聯想出樹形的模樣。

裡枝

頭（樹芯）

第二要枝

幹筋

第一要枝（差枝）

枝條隨著動線朝容易彎曲的方向彎，使其整個擴展開來。

1 插枝苗換盆後過兩個月的模樣。接下來要纏線，塑造基本樹形。

盆栽小知識

插枝第 3 年的苗木。藤蔓性的枝條四處伸展。長勢強的芽會朝日照充足的地方生長，不過日陰方向也有枝條冒出來，整個纏繞在一起。這時可用長棒像梳頭髮般將枝條疏整成放射狀，讓生長的方向展現出來。

2 從樹根開始纏線。先從樹幹朝第一要枝塑形。一條金屬線不夠的話就用兩條，讓枝條朝彎曲的方向伸展。這裡的幹筋已經是半懸崖狀。幹筋一旦成形，枝筋就會從較粗的枝條開始依序彎曲。

範例 — ❶

雖是嬌小的樹形，卻散發出大樹悠然風範的模樣木。曲幹線條清晰，根部穩定，與枝條間的均衡感佳。

樹高 15cm ▶

範例 — ❷

開始出現紅葉的晚秋到初冬的模樣。整個朝右生長的主幹與線條平緩的樹冠搭配了線條細膩的分枝。朝右延伸的動線均衡協調，十分美麗。

▲上下 21cm ／左右 27cm

範例 — ❸

展露第一要枝的模樣木。左勝手的樹形表現出半懸崖般的流動感。主幹粗細與直立高度的均衡協調、幹肌的質感與枝條的細密，形成一個完成度極高的作品。

樹高 19cm ▲

面積小的三角形朝左流動，讓整體的三角形展現出一個古色古香的大樹風範。

姬沙羅

雖與名為「沙羅樹」的夏山茶同屬，但體型小，種類也不一樣，不管是花朵還是葉片都比夏山茶小很多，適合作為盆栽。

最獨特的地方就是幹肌，只要樹齡愈高，紅色色澤就會愈深，而且觸感滑膩，讓人忍不住想要觸摸。

箱根蘆之湖畔旁群生的姬沙羅林十分有名，佇立的樹木散發出一股沉穩的氣氛，若能善用這一點與其他樹木集合種植，就能觀賞到幽雅的林景。另外，塑造成模樣木，展現出曲線平緩的模樣還能將原有的魅力散發出來。

初夏之際會綻放白色花朵，秋季的紅葉更是嬌豔，就算葉片掉落，照樣能觀賞到優美的枝條與幹肌，屬於一年四季風貌多變的樹木。

培植月曆

1月 2月 3月 4月 5月 6月 7月 8月 9月 10月 11月 12月

換盆、剔葉、摘芽、纏線、拆線、肥料、肥料

▶樹高 20cm

日名	ヒメシャラ、サルタノキ コナツツバキ、アカギ
英名	Tall stewartia
學名	*Stewartia monadelpha*
分類	山茶科 折柄茶屬
樹形	直幹、模樣木、株立、 集合種植、文人木

日常管理的「訣竅」

放置場所

本為喜好陽光的樹木。在日照下上方枝條會不斷生長，但下方枝條卻會枯竭，必須放在日陰或半日陰的環境下調整。

澆水

與其他樹種不同，主根分布在表土附近，因此必須在表土乾燥前多多澆水。

肥料

多施肥可保護長勢弱的芽，也比較容易維持樹態。多加觀察樹木的長勢，等樹姿整理好後再來調節用量。

換盆

分布在表層的根很重要，一旦變硬，就要換盆。平均每2～3年就要換盆一次。

病蟲害

栽種在平地的話對於病蟲害的抵抗力弱，但藥劑濃度高的話又會導致葉片掉落，因此殺菌除蟲劑的濃度要淡一些，並且盡量在澆水後再來噴灑。

培養—剔葉

芽的長勢並不強，摘芽後只要將樹形紊亂部分的葉片剔除即可。葉片過少的話花朵會不容易綻放，但塑整樹形時若要展現出枝條的動線與力道的強勁，就不能省略剔葉與整枝這兩個作業。

葉片全部剔除，不要的枝條也一併修剪。想要延伸的枝條上若有葉片則保留下來，並且纏線塑整樹形。

樹形塑整好後剪下突出的葉片。裁剪時只留下五分之一的葉面也可。

盆栽小知識

換盆後到了第2年的姬沙羅從盆缽中拉出後的樣子。就算過了2年，根部依舊沒有向下生長，只分布在表層，這是姬沙羅特有的性質。由於根部集中處是容易乾燥的地方，因此要注意是否會缺水。

POINT

決定樹形時要一邊修剪葉片，一邊觀察枝條的強弱與方向，不要的枝條也順便剪除。

培養—處理切口

裁切粗枝時要記得保護切口。

1 裁切粗枝時要用銳利的接木刀，並且將切口削平。

2 將市售的泥狀癒合劑塗抹在切口上，以免雜菌從傷口入侵。

三個月後

塗上癒合劑後經過三個月的切口。傷口會覆蓋一層新的組織，幾乎看不出來。姬沙羅的幹肌很美麗，卻也很容易受傷，是需要妥善保護的樹種。

創作—纏線

觀賞姬沙羅的自然樹形與紅葉固然不錯，不過這種樹還可將下枝剪落，讓枝條不斷的朝上伸展，想要塑造成適合盆栽的樹形時，不妨纏上金屬線，讓枝條的表情更加豐富。

纏線可與剔葉與剪枝同時進行，至於長勢弱或想要使其變粗的枝條就將葉片保留下來。

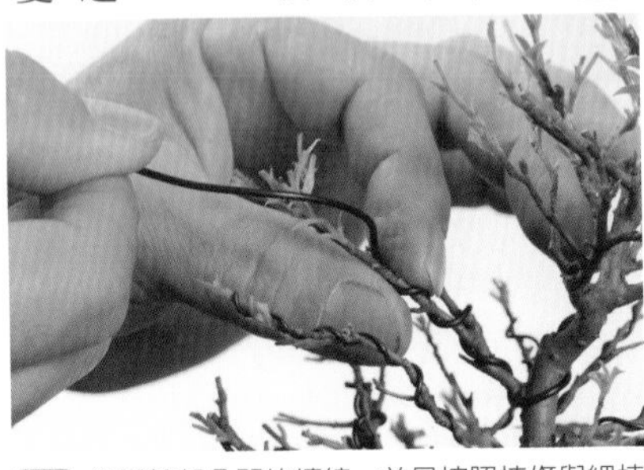

1 從樹幹部分開始纏線，並且按照枝條與細枝的順序纏繞。但因樹皮容易受傷，故用鋁線會比用銅線來的恰當。

2 與剔葉、剪枝同時進行時，可一邊纏線一邊調整樹形。當樹形調整地差不多了，再將過長部分的芽剪下。

盆栽知識

適合當作盆栽的樹形，就算是雜木盆栽，也要遵守不等邊三角形這個基本條件。頭與第一要枝描繪出線條長的斜邊，第二要枝與裡枝要取得均衡。變粗的第一要枝上的葉片留下來的話，可讓枝條更有活力。

3 纏線可抑制枝條延伸（枝條不會分岔，只有伸展的枝梢會分出細枝），塑造出一盆除了輪廓，還能觀賞枝條的盆栽。

範例 — ❶

扭轉的曲線格外醒目的模樣木。樹姿活力充沛，充分表現出承受風雪的自然界情境，以及樹木本身經歷的歲月。輕巧的枝條模樣完美協調地搭配厚重的風格，凸顯出這盆盆栽的風格。

◀樹高 19cm

樹高 19cm ▶

範例 — ❷

緊緊抓住大地的根張散發出一股時代感。平滑直立的樹幹展露了姬沙羅特有的魅力木肌，整個伸展開來的樹梢與細長的枝條架構出這盆嘔心瀝血的傑作。

◀樹高 21cm

範例 — ❸ 雖為幼木，整體卻十分均衡協調，讓人聯想到涼爽的綠蔭。展現出此樹種風情獨特優雅的模樣木樹形，讓人不禁期待開花後的姿態，可說是一盆想要長久培植，能樂在其中的盆栽。

雞爪槭

在盆栽的世界當中，槭樹科槭屬的樹木中擁有五裂小葉片的伊呂波槭及其變種山槭總稱「雞爪槭」。

雞爪槭的園藝品種很多，不管是葉色、葉形還是樹形均琳瑯滿目，各有千秋。秋季的紅葉固然美麗，但春季出現鮮紅與紫紅色的芽、秋天染上的鮮黃、增添斑點的葉片與獅子葉、細葉，以及垂枝型等樹種，均讓人看了眼花撩亂。

作爲盆栽培植的雞爪槭枝條分布細密，連小枝條也能輕易塑形；樹幹容易變粗，每年都能確實感受到樹木生長也是其迷人的地方。風格獨特的單幹與雙幹、趣意盎然的集合種植等樹形都能塑造；垂枝型的槭則是適合文人木、懸崖與石附等樹形。經常衍生種子，挖土播種亦十分有趣。

培植月曆

換盆	3月
剔葉	5月～6月
摘芽	3月～6月
壓條	6月
剪枝	10月～11月
肥料	6月～7月
纏線	10月～11月
播種	3月、11月
拆線	6月～7月

◀上下 11cm
左右 15cm

日名	モシジ、イロハカエデ、ヤマモミジ（變種）、イロハモミジ
別名	日本槭樹、雞爪楓、槭樹、掌葉楓、掌葉槭
英名	Japanese maple
學名	*Acer palmatum*
分類	槭樹科 槭屬
樹形	單幹、雙幹、三幹、集合種植、文人木、懸崖、石附

日常管理的「訣竅」

放置場所
在半日陰的環境下較容易生長。日照充足、通風佳的地方雖可茁壯成長，但要格外留意乾燥。

澆水
表土乾燥時要給予大量水分。喜水，故要盡量多澆水。

肥料
多加施肥的話葉片會增加，樹幹變粗的速度也會變快。不過樹姿塑整好後，多肥反而會讓枝幹格外粗大，故要酌量。

換盆
為了維持細小的枝條，最好隔段時間再來換盆，以2～3年換盆一次為佳。

病蟲害
吐芽時期要噴灑殺菌除蟲劑以預防害蟲。另外，為了管理幹肌以及預防蟲卵過冬，冬季要塗上殺菌除蟲劑。

培養—剔葉

這是讓雞爪槭的紅葉更加嬌豔、枝數增加時不可或缺的作業。摘芽後長出的葉片大小厚度不一，因此在綠葉茂盛的初夏要一口氣全部剔除。

之後長出的第二次芽大小一致，厚度也比較薄，而且可看出枝條，可說是塑整樹形方向的最佳機會。

早春纏線，春季摘芽後，初夏葉片茂密生長的洗根樹形。之前長出的老葉變得茁壯，幼小的新芽葉漸漸吐露。

剔葉後的樹姿。不要的枝條葉也一併整理，同時拆線。過沒多久新芽與小枝條又會再長出來。

培養—插枝

若是園藝品種，播種而成的樹木未必會與母樹擁有相同性質，不過插枝卻能得到相同性質的苗木。發根率因品種而異，不過山槭的存活率很高。

堅硬略粗的樹幹不容易彎曲也算是雞爪槭的特徵之一。幹基能自由塑造也算是插枝與實生木最大的魅力。

範例 — ❶

從幹條配合各個枝條彎曲的模樣可看出這是從幼木就開始細心培養而成的。長年的心血整個濃縮成這個小巧均衡的幹模樣，堪稱佳作。

樹高 13cm ▶

樹高 17cm ▶

範例 — ❷

八房性的「獅子頭」細枝不太會分岔，不容易展現時代感，不過這棵樹分岔的枝條卻傳遞了歲月的感覺，就連配盆也相當出色。

範例 — ❸

八房性的「獅子頭」。從照片或許看不出來，不過這是樹高 4cm，寬 4cm 的袖珍盆栽。乍看之下讓人憐愛不已，近看風格洋溢。這是從剪下的粗枝塑造的樹形，並且藉由配盆大幅提升興味。

◀樹高 4cm

範例 — ❹

在雞爪槭的盆栽中算是最基本型的樹形。樹齡略短，但與幹的薄模樣（彎曲弧線較為平緩）相比，整個樹形的枝葉姿態卻十分均衡。讓人不禁期待在歲月的累積下，慢慢增添風韻的青年期姿態。

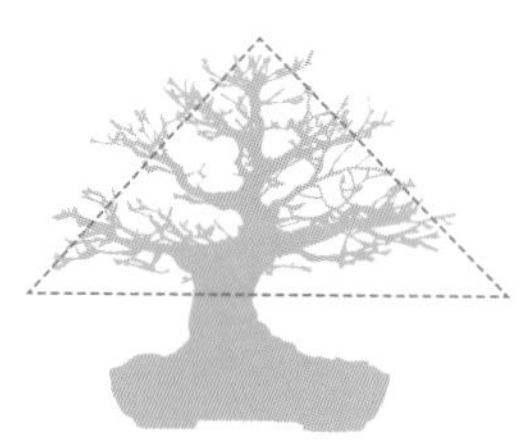

雞爪槭的典型樹形通常不會讓頭部顯得尖銳，而是利用細枝來塑形，再藉由寬敞伸展的下枝大致形成一個不等邊三角形，並且利用主幹的粗細來強調安定感。

樹高 17cm ▶

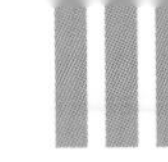

遼東水蠟樹

自生於日本各地的落葉樹。與近年來以水蠟樹（privet）之名而成爲熱門庭院樹木的西洋水蠟樹以及栽種在圍牆處的日本女貞同屬。夏天會冒出清涼潔白的花萼，從秋季到冬季會長出紫黑色的果實。

盆栽最佳候補名單，算是十分強健的樹種，而且不需花太多時間維持。相反地，就算培植了超過20年，幹條依舊光滑不粗糙，反而少了一股歲月感。

不過亦有荒皮性品種的水蠟樹，不到10年，樹幹就會開始剝裂，散發出一股古味。日漸普及的荒皮性品種現在可說是愈來愈受歡迎的樹種。正因爲不需花太多時間維持管理，因此在「創造」上要多花些功夫才行。

日名	イボタ、イボタノキ、コゴメバナ、ゴネズ、水蠟樹、疣取木
英名	Border privet
學名	*Ligustrum obtusifolium*
分類	木犀科 女貞屬
樹形	模樣木、株立、懸崖、連根

培植月曆

1月	2月	3月	4月	5月	6月	7月	8月	9月	10月	11月	12月
換盆·整枝								摘芽·切芽			播種
	播種		肥料					肥料			
				纏線				拆線			

樹高 16cm ▶

日常管理的「訣竅」

放置場所
並不挑剔放置場所，十分健壯。不過放在日照充足的地方樹幹會變粗，放在日陰處的話枝條數量會增加。

澆水
水量不同，培養的方式也會跟著改變，這一點與其他種一樣，不過十分耐乾燥。

肥料
肥料多寡多少會有影響，但基本上並不會枯萎。肥料太多的話徒長枝會變得十分強勁，這樣反而不容易塑造樹形。

換盆
隨著細枝日益增加，換盆次數也要跟著增加。加上根部生長旺盛，因此每年換盆一次會比較好照顧。

病蟲害
並沒有特定的病蟲害，不過樹皮會被天牛啃噬，因此要留意預防天牛的幼蟲。

培養—整枝與施肥

大多數的雜木類新芽都是呈直線生長，因此整枝作業就顯得很重要。水蠟樹也不例外。不過要是一口氣剪太多反而不容易塑造出枝條的形狀，故每次整枝時適度就好，稍微費心，增加整枝次數比較好。

筆直伸展的枝條不需要立刻從根部剪除，先用剔葉方式修剪突出部分，並且看出可塑整成樹形與不需要的枝條。

想要培養出柔嫩的枝條，節（長出葉子的地方）與節間的距離就不能太長，這點很重要，而且要不時利用剔葉與剪枝來抑制力量。照料起來雖麻煩，但也能讓人享受到照料樹木的樂趣。

水蠟樹算是強健且容易進行壓條的樹種，只要掌握這一點，就能培植出充滿韻味的粗枝。這是慢慢培植的最佳樹木，可讓人體會到栽植盆栽的樂趣。

徒長枝朝直線伸展，也有可塑形的枝條。

留下一根徒長枝，纏線壓低高度。剔除部分葉片，展露枝條模樣，這樣就能挑選枝條，決定樹形。

剝葉與整枝後一定要施肥，因爲就算只是剝除一部分葉片，對樹來講依舊算是消耗能量。

另外，施肥補充養分時是從根部開始吸收的，這麼做會比透過葉片吸收日光以攝取養分這個方法還要直接，讓樹幹充滿活力，算是讓幹條變粗，抑制樹長高的基本盆栽技巧。

1 配合樹形用剪刀修剪多餘的枝條與葉片。筆直突出的「忌枝」最好從根部裁剪。

2 橫向伸展的枝條與樹形的發展有關，因此壓低纏線，使其彎曲。從平時就開始構思樹形的話會比較容易創造好機會。

3 剝葉後置放粒肥，但儘量不要碰到根部或幹條，並用金屬線固定，以免被風吹落。

4 以環繞樹木根部的方式置放肥料。朝放射線均等配置。

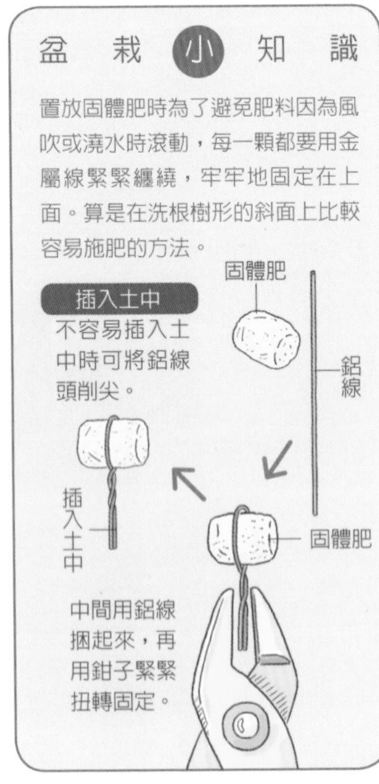

水蠟樹很健壯，就算照料者長期住院，無人照顧，依舊能存活。光是如此，就值得嘗試各種的樹形，充分發揮創造性。

這當中的荒皮性水蠟樹只要經過幾年就能展現風格，就算利用壓條方式塑造成掌握與指尖中的袖珍盆栽，依舊能感受到古木的深邃風韻。

◀樹高 10cm

範例 — ❶

搭配的盆缽十分協調，強調出粗獷的根部，洋溢出大樹風格，整體線條渾圓的半球狀樹冠散發出古木感。堪稱在這個小小的空間裡展現龐大風景的盆栽極品。

上下 14cm / 左右 22cm ▶

範例 — ❷

懸崖樹形。根長與幹基緊緊抓住大地，幹條均衡地往左流動。幹肌的荒皮程度充分展現出古色古香的韻味。

臭黃荊

分布於東海、近畿以西的落葉樹，葉片、幹、根均會散發出香氣。以植物來講雖與楓（→P100）毫無關聯，但小巧的葉片卻類似楓，適合培植成唐楓或雞爪槭不容易塑造的袖珍盆栽。到晚秋，葉片會搶先其他樹種染上黃色，並保持相同色彩，直到落葉爲止。

強健耐乾燥，雖在晚春吐芽，但之後嫩芽就會紛紛湧出，算是容易塑形的樹木。不過一旦開始摘芽，幹條就不易變粗，因此培植時，先以培養幹條爲目標。

當幹條變粗，樹形塑整好後，會經過一段重複摘芽與剔葉的時期。2～3年內形狀或許不會改變，但在不停重複「長了就摘」過程中，會漸漸形成適合盆栽造型的枝葉，算是只要細心照料，就會慢慢散發出氣韻，讓人充分體會到盆栽魅力的樹種。

◀樹高 9.5cm

日名	匂い楓（ニオイカエデ）、ハマクサギ
別名	臭娘子、魚臭木、小葉臭魚木、豆腐柴
英名	Japan neem tree, musk maple
學名	*Premna japonica*
分類	馬鞭草科 臭黃荊屬
樹形	模樣木、文人木、懸崖

培植月曆

月	換盆	剔葉	摘芽	肥料
1月				
2月				
3月	●			
4月			●	●
5月				●
6月		●		●
7月		●		●
8月		●		●
9月		●	●	●
10月		●		●
11月				
12月				

日常管理的「訣竅」

放置場所
適合放在日照充足的地方。只有長勢變弱或是養生之際才需要放在半日陰處。

澆水
屬於耐旱的植物，但施肥期間還是要增加澆水次數。牢記肥料與水的關係十分密切。

肥料
十分強壯，不需太多肥料。亦可只將固體肥放在需要伸展的枝條處。

換盆
不需要頻繁換盆。幼木每3～4年一次，老木的話2年一次。

病蟲害
幾乎不會遭受病蟲害。不過樹木一旦衰弱，就會引來介殼蟲，因此要留意樹勢。

幹條長粗、枝條形狀出來後，就可留下不錯的枝條，使其繼續生長，並且趁細長柔嫩時纏線整枝塑形。這個作業稱爲「定枝」。

臭黃荊的木質較硬，所以趁枝條尚細時定枝會比較好。不過枝根部分經常斷裂，因此纏線時必須多加小心，同時留下一根預備枝以防萬一，這也是訣竅之一。

1 生長的枝葉剪短後，觀察樹形，整枝剔葉。由下仰望的角度也很重要。

2 纏線時枝根會很容易斷裂，因此要用鑷子緊緊纏繞。

3 彎曲枝條時與其先纏上金屬線再來彎折，一邊用指尖確認一邊纏繞會比較好。

為了塑造樹芯（頭），因此不將芽摘下，留下一根，使其生長。生長後節間的距離會被拉開，因此要預測今後的生長狀況，適時改用預備枝。

纏完線的模樣。預備枝也準備好了。只要重複摘芽與剔葉，新葉就會愈長愈小，整體感覺也會愈均衡。

木蠟樹

分布在關東以西山野地的落葉樹，一到晚秋，從果實中採擷的木蠟是製作蠟燭的原料。此樹的魅力，說穿了就是腳步領先季節、醒目的火紅紅葉。

幾乎所有幹條都是筆直延伸，不容易產生叉枝，塑造成可醞釀出雜木林風情的集合種植，以及讓主幹線條彎曲的文人木樹形比較能充分發揮本領。石附與洗根樹形同樣韻味十足。

樹勢雖強健，但不耐乾燥，一旦樹芯枯竭，根部會再吐出芽，因此要藉由塑造樹形的方式不斷澆水。

適合當作盆栽而流通的木蠟樹雖不像漆樹，但還是會有人因此皮膚發炎，所以處理時要特別注意，最好戴上手套，盡量不要觸摸到樹液。

培植月曆

月			
1月			
2月	換盆		播種
3月			
4月		摘芽	肥料
5月			
6月	剪枝		
7月			
8月			
9月	疏葉		
10月			播種
11月			
12月			

◀樹高 15cm

日名	ハゼ、ハゼノキ、リュウキュウハゼ、ロウノキ
別名	山漆、山賊仔、木臘樹、漆仔樹
英名	Wax tree, Japanese wax tree
學名	*Rhus succedanea*
分類	漆樹科 漆樹屬
樹形	模樣木、集合種植、文人木、石附

日常管理的「訣竅」

放置場所

喜日照。置於日陰處會長出徒長枝，因此要一邊注意乾燥，一邊放在陽光底下。

澆水

澆水的水量與次數因塑造的樹形而異。但要特別留意乾燥。

肥料

平均每月施肥一次，但多肥的話反而會延遲紅葉的時期，甚至無法均勻染色。適合置放氮含量較少的固體肥。

換盆

最好1年換盆一次。不過根少生長快，集合種植時根系很容易纏繞在一起。

病蟲害

除了新芽吐出時會出現的蚜蟲，幾乎沒有需要擔心的病蟲害。吐芽前的寒內期間可噴灑殺菌除蟲劑以加強預防。

創作—洗根

洗根是將植株從盆缽中拉出後培植塑形，若要讓球根更加牢固，不妨與多株樹種一起栽種。培植在平石、水盤、砂礫或石頭上的話，還能醞釀出充滿清涼感的風情。

這裡是利用園藝店藉由集合種植方式培養的樹苗（實生苗）來表現森林景觀。

雖需要注意乾燥，但不用擔心根系纏繞，時間過的愈久，氣氛就會愈濃厚。

1 從盆缽中拉出的模樣。球根十分緊實。盡量保持原狀，放置在平石上後再來作業。

2 過於擁擠的苗木要進行間拔，但一拉球根會崩毀，所以要盡量用剪刀剪下。

3 用濕潤的水苔包起來後，再用線緊緊捆住。剛開始或許有點不協調，但沒多久就會習慣。為了讓大家更容易了解，這裡使用的是白線，實際在捆時是要用黑線，水苔也可用線捆起來。

BEFORE

園藝店利用集合種植培養的樹苗。準備一塊平石，應該就能隨時欣賞到自然景觀。

AFTER

洗根樹形。換盆後到新芽吐出為止一樣要保持濕潤，避免乾燥，並且放在半日陰處養生。

龍神地錦

標準名稱是「地錦」，園藝名是「夏地錦」（盆栽名亦為「夏地錦」↓P126）的植物石化品種。所謂石化，指的是在成長過程中突變。本種藤蔓會彎曲衍生，節間短，葉片厚實，呈波浪狀，新芽生長的模樣宛如飛天龍神，故名。

葉片充滿光澤，新綠色彩格外美麗。藤蔓原本就具有彎曲性質，容易塑造曲幹，加上氛圍獨特，屬於很熱門的盆栽特有樹種。

幹條長粗速度緩慢，氣根密布，只要將這部分當作插穗，就能輕易繁殖。

枝幹紮實，葉片容易茂密生長，因此要特別注意悶熱與乾燥。耐寒，但盛夏容易產生葉燒。

培植月曆

月份	換盆	肥料	插枝	纏線・拆線
1月				
2月	■			
3月	■			
4月				■
5月		■		■
6月		■	■	
7月				
8月				
9月		■		
10月		■		
11月				
12月				

※通年適宜剪枝

◀樹高 10cm

日本	竜神つた（リュウジンツタ）、ツタ、ナツヅタ
別名	千歲虆、常春藤、爬山虎、爬牆虎、紅葛、紅葡萄藤
英名	Boston ivy cultivar
學名	*Parthenocissus tricuspidata* cv.
分類	葡萄科 地錦屬
樹形	模樣木

日常管理的「訣竅」

放置場所
置於日陰處即可茁壯成長，若能適度放在日照充足處，可讓樹形更加緊密。冬季要放在屋簷下通風佳的半日陰處管理。

澆水
夏天要注意缺水。但水分過多反而會腐爛，故要注意排水。置於半日陰處時一日澆水一次。

肥料
葉色變深是施肥的記號。但多肥反而會對葉片造成傷害，因此要少量多次，制定施肥週期。

換盆
根部生長茂密，每年要換盆一次。只要換盆，夏季就比較容易保持水分。

病蟲害
新芽吐出時除了蚜蟲，幾乎不會受到其他害蟲侵襲，因此要在吐芽前多加預防。

培養—換盆

到園藝店可買到栽種在育苗盆或素燒盆中的1～2年生苗木。不管是立刻換盆或隔年換盆，步驟都一樣。換盆適期為初春，亦可在葉片冒出後再換。

換盆後溫度上升反而會對樹木造成傷害，因此要避免日光充足的地方，並且置放在日陰或半日陰、通風佳的地方妥善管理。

只要換盆與調整角度，就可讓樹態變得更加均衡。

配好盆後將素燒盆中的苗木換至新盆。

1 球根鬆開的樣子。有葉片時保留粗根，只剪下細根。

2 鋪植時一邊考量角度一邊調整，再將用土塞入根縫中。

3 用土表面鋪上一層水苔以保持水分，看起來也會比較漂亮。

進化—範例

樹高 13cm ▶

範例 — ❶ 經過一段歲月後幹條變粗，枝條也漂亮舒展的逸品。一旦成長到這種地步，就算是寒樹（冬季的樹姿）也是魄力十足，值得欣賞。

盆栽小知識

水苔會隨著時間慢慢長出來，市面上亦可買到苔片，但若將其他盆栽的水苔剪下來鋪在上面的話，營造出來的氣氛會比較自然。

夏地錦

植物名爲地錦。常綠的菱葉常春藤（土鼓藤）稱爲冬地錦，落葉性的地錦稱爲夏地錦。深秋紅葉之美，人人皆知。

作爲盆栽培植時藤蔓很容易斷裂，因此塑造樹形時需要熟練的技巧。建議一邊抑制不斷擴展的藤蔓，一邊細心照料，欣賞紅葉。6月左右若將葉柄上的所有葉片剔除，到了秋天就會展現出美麗的紅葉。

龍神地錦（→P124）是基本種，若本種能從藤蔓生長出氣根，並且以插枝的方式繁殖反而會比較簡單。也可利用秋季的紫黑色果實播種栽種。

在享受繁殖樂趣的過程中，只要熟悉藤蔓的性質，不知不覺中技術也會變得愈來愈熟練。

培植月曆

月份	換盆	剪枝	插枝	肥料
1月				
2月				
3月	●	●	●	
4月		●		●
5月		●		●
6月				●
7月				
8月				
9月				●
10月		●		●
11月		●		●
12月				

◀樹高 12cm

日名	夏つた（ナツツタ）、ツタ、ナツヅタ、モミジヅタ、アマヅラ、
英名	Boston ivy
學名	*Parthenocissus tricuspidata*
分類	葡萄科 地錦屬
樹形	模樣木、雙幹、懸崖、石附

日常管理的「訣竅」

放置場所
喜日陰或半日陰處，不過藤蔓生長會過於茂密。葉片薄，耐日曬，亦可置放在日照充足的地方管理。

澆水
盡量避免乾燥，不過就算缺水，照樣有能力恢復活力。置於日照充足的地方時要多澆水。

肥料
多施肥，就不需要擔心日照與缺水。尤其是在日照充足的環境下培植時要盡量多施肥，讓幹條充滿活力。

換盆
根部生長速度快，盆缽太小的話根系很容易纏繞在一起。為控制藤蔓與根部，最好每年換盆一次。

病蟲害
新芽吐出時除了蚜蟲，幾乎不會受到其他害蟲侵襲，因此要在吐芽前多加預防。

培養—換盆

在園藝店購買插枝繁殖1年多的苗木，並且更換盆缽。方法幾乎與換盆相同，但樹形維持不變，只有稍微整理根系。

到了換盆適期葉片會開始掉落，因此要預想葉片冒出後的姿態，推測最美適期的景觀，這就是「構思訓練」。

園藝店種培植在較大培養盆的苗木。推測葉片長出的模樣後，發現盆缽的顏色、造型與樹形不協調。

樹形維持不變，改變角度，整理根部，並且移植到口徑較小、高度較高的盆缽。還沒長出葉片時給人一種不安定的印象。

六個月後

葉片開始泛紅的季節。過1年葉片會變得更加茂密。減少葉數，以免上方葉片過大同時，還要保持生長於山野之中的氣氛。

剪下

1 從盆缽拉出後鬆開土壤，配合新盆缽的大小裁剪根部。

2 種植時一邊猜測葉片長出後的姿態，一邊調整角度。根部用金屬線緊緊固定。

百日紅

幹肌平滑，故又稱爲「猿滑樹」，盛夏期間花期長，故名「百日紅」，是日本人人熟悉、廣受大家喜愛的夏季花木，江戶時代來自中國的原產種。

美麗的花朵常讓被歸入「花朵盆栽」，其實身爲「雜木」的魅力，不勝枚舉。

生長速度快，容易冒枝，可欣賞到各種的枝條模樣。葉片充滿光澤，嬌豔無比，加上幹肌美麗，充分展現出寒樹之美，堪稱一年四季賞心悅目的樹種。

插枝長根的存活率很高，繁殖並不難。本身具有南方樹種的性質，因此初夏到初秋這段期間要安善照顧。

培植月曆

	1月	2月	3月	4月	5月	6月	7月	8月	9月	10月	11月	12月
換盆		■	■	■								
插枝						■	■	■				
摘芽・切芽・剪枝・剔葉					■	■	■	■	■			
纏線					■	■	■	■	■			
肥料					■	■	■	■	■	■		

※斟酌情況拆線

日名	サルスベリ、ヒャクジッコウ
別名	紫微、滿堂紅、猿滑樹
英名	Crape myrtle
學名	*Lagerstroemia indica*
分類	千屈菜科 紫薇屬
樹形	模樣木

◀樹高 7cm

日常管理的「訣竅」

放置場所
喜日照充足、通風佳的地方。冬季要置於無加溫的室內管理，以免遭受霜害。

澆水
進入春季後會很容易缺水，這個時期一旦乾燥，就不容易開花，故從春季到秋季要多澆水。

肥料
喜多肥。在4～10月這段生育期間平均每一個月要置肥一次。使用磷酸或鉀含量多的肥料可讓花長得更漂亮。

換盆
生長速度快，幼木1年換盆一次，穩定後每兩年換盆一次。不耐寒，最好在初夏換盆。

病蟲害
新芽吐出時會遭受害蟲或白粉病侵襲，也會因為蚜蟲而得到黑斑病等二次傷害，故春季到秋季之間每個月要做一次預防措施。

培養—切芽

百日紅要利用切芽的方式來塑造樹形，但並不是只要把突出的芽剔除就好，而是要不斷地修剪，讓葉片變小，數量變少，促使枝條分出，以營造細密風情。

春季第一次切芽後先放置一個月，之後枝條會隨著氣溫上升開始加速伸展。枝梢的葉片變得碩大是此樹種的特徵，故這個時期要每兩週修剪一次。

說的具體一點就是只留下托葉，也就是想要塑造出輪廓的枝根「稚兒葉」。稚兒葉會自然掉落，但上方的葉片若沒有剪除，就會變得很厚硬。

過沒多久葉根吐出新芽，枝條分叉伸展。確認分枝長出後，不要忘記剪除剩下的稚兒葉。若置之不理，這個部分的葉片會過於集中，而不易吐出新芽。

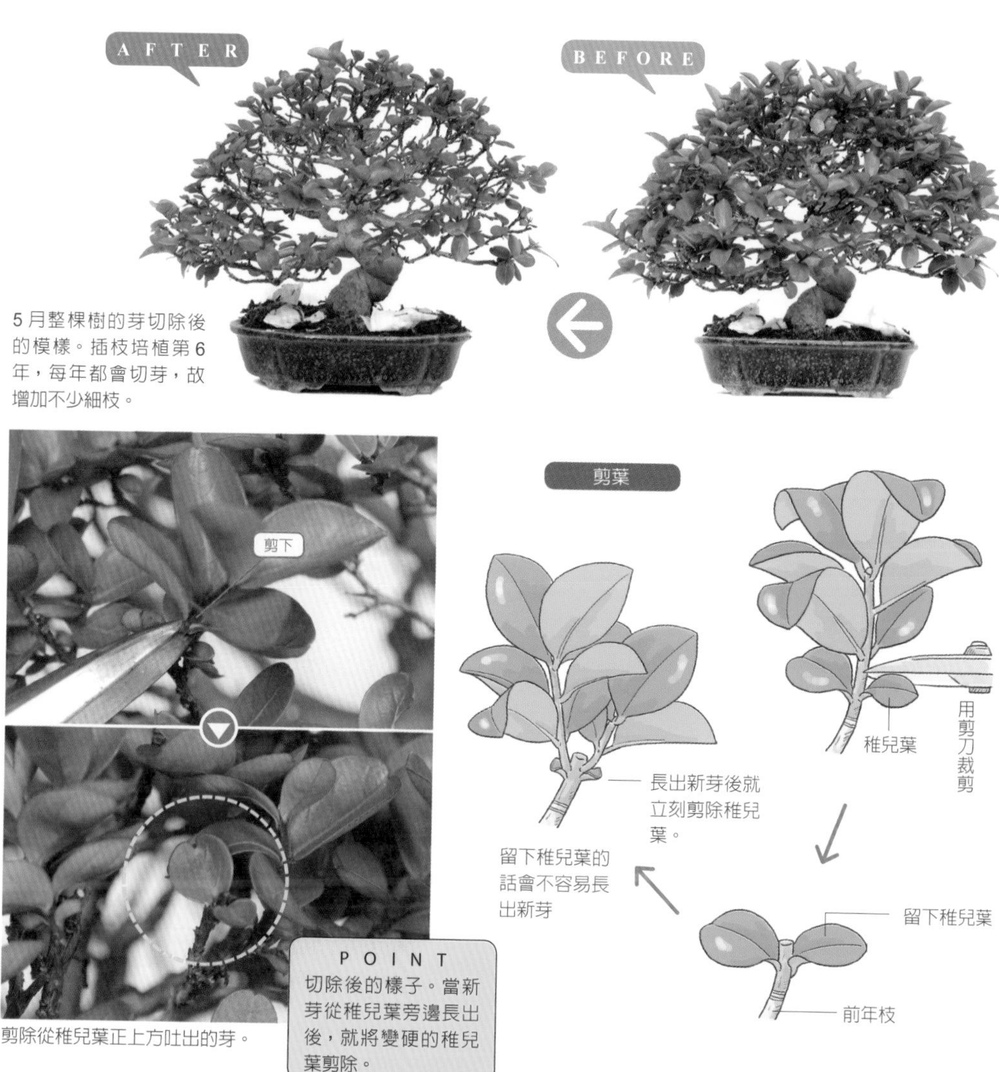

5月整棵樹的芽切除後的模樣。插枝培植第6年，每年都會切芽，故增加不少細枝。

剪除從稚兒葉正上方吐出的芽。

POINT
切除後的樣子。當新芽從稚兒葉旁邊長出後，就將變硬的稚兒葉剪除。

培養—插水

插水屬於插枝的一種方法，也就是讓枝條在水中發根後再來培植。這個方法不需擔心缺水，根部也會筆直伸展，算是成功率很高的方法。

百日紅就算無心把枝條插入土中，照樣可繁殖，很簡單，但當作盆栽培養的話，讓根部長得漂亮一些，之後管理起來也會比較輕鬆。另外一個好處，就是移植時還可利用柔軟的基幹來塑形。

在連日高溫的初夏時期，不妨利用剪下的枝條試看看。

1 將剪下的枝條裁剪成適當長度後浸泡在盛滿水的容器裡。

2 鋪上一層水苔，以免枝條被風吹走（視場所而定）。水一旦停止流動就會缺氧，因此要每天補水，並偶爾換水。

3 一個月後根部會呈放射線生長，這時候就可一株一株地移植。

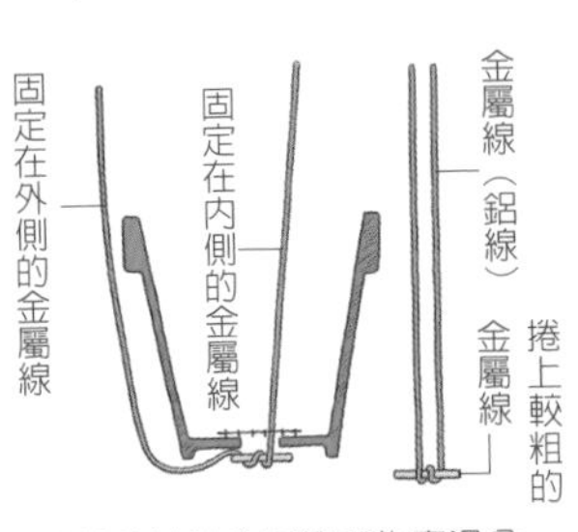

準備盆缽時金屬線要先穿過盆眼，讓盆缽內外兩側都有金屬線。

放置苗木，纏繞兩條金屬線以固定。

倒入用土，讓根株整個固定後，再彎曲成喜歡的角度。

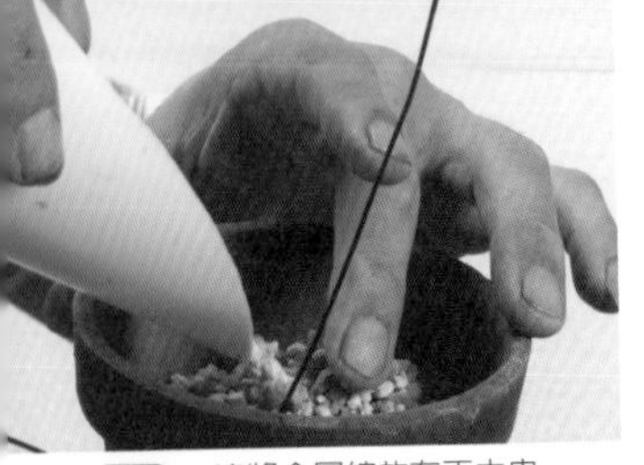

4 一邊將金屬線放在正中央，一邊倒入用土（赤玉土 2: 鹿沼土 1）。

5 攤開根系，苗木放在土上後，再用金屬線纏繞固定。

6 用土倒入根系上方，澆過水後，完成移植。

7 光是從上方澆水還不夠，利用腰水管理的話會長得比較漂亮。

POINT

移植後可利用腰水來管理，但水高不可超過根部。就算是在水中培養的根，在土中若直接觸碰到水，根部還是有可能腐爛。

創作—裁枝

裁枝與剪枝定義一樣，不同的是要先將樹木培植至某個程度的粗細後再來裁剪。有時是將樹木裁小，有時是像這裡提到的範例大幅修剪改作。但不管哪種情況，都是要花上一段時間，先讓幹條長粗，再來提升樹格。

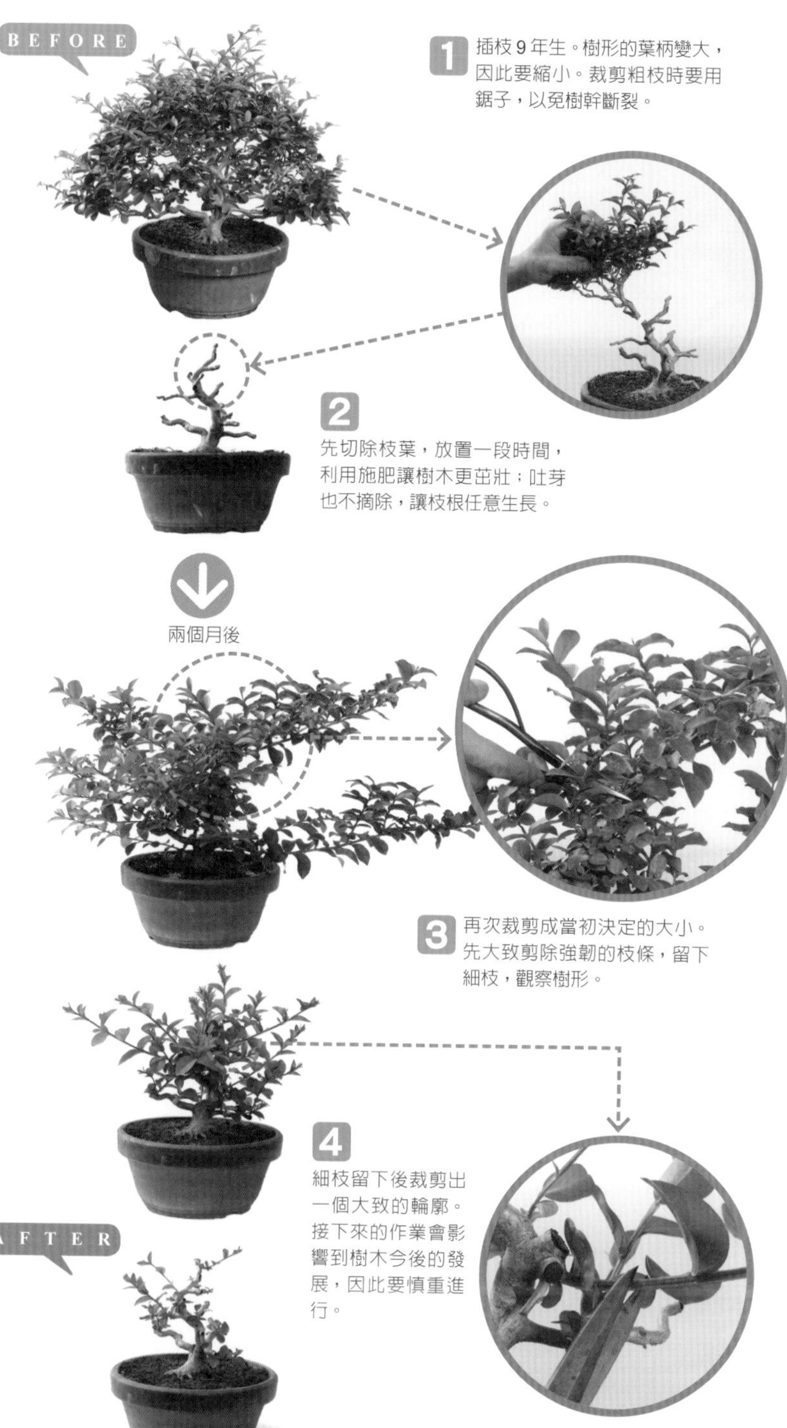

1 插枝9年生。樹形的葉柄變大，因此要縮小。裁剪粗枝時要用鋸子，以免樹幹斷裂。

2 先切除枝葉，放置一段時間，利用施肥讓樹木更茁壯；吐芽也不摘除，讓枝根任意生長。

3 再次裁剪成當初決定的大小。先大致剪除強韌的枝條，留下細枝，觀察樹形。

4 細枝留下後裁剪出一個大致的輪廓。接下來的作業會影響到樹木今後的發展，因此要慎重進行。

POINT
為了增加分枝，裁剪時從稚兒葉留下一株芽，保持一段距離，再將其他的枝條剪下。柔弱的枝條要留下。

範例 —— ❶ 整體呈不等邊三角形的懸崖樹形。夏季每隔 2 週，初春與秋季每隔三週就要將突出的芽剪下，以保持輪廓。

範例 —— ❷
文人木樹形。塑造成這種樹形時枝條不要太粗，而且要儘早剪除葉片。塑造枝形時要利用剔葉使其更加強健，而且要注意盡量不要讓花朵盛開。

Column 讓花朵盛開的訣竅

百日紅的嫩枝有長鬚，觸摸時會感覺到稜角。這個時期等同於人類的幼年期，並不會開花。一邊控制其生長一邊利用肥料讓樹木更加茁壯，枝條就會變得十分強健，一旦迎接成人期，葉片不僅會變得厚實，顏色也會變得濃綠。同時長鬚也會像絲線般剝落，這樣就可避免冬季時候枯萎。

這時候枝梢的葉根會茂盛地冒出花芽。培植到這個程度，就算將枝梢剪短，前端的葉根還是會冒出花芽。因此要勤奮修剪，避免徒長的枝梢開花，並且留下 2 ～ 3 節，如此一來就能欣賞到均衡美麗的花朵了。

生長的枝條

長鬚會變得跟絲線一樣掉落

幼枝

有稜角的長鬚

剪短時留下 2 ～ 3 節，讓花朵盛開

讓花朵的模樣更加均衡

花朵盆栽

HANAMONO–BONSAI

梅 | 櫻 | 山茶 | 野薔薇 | 屋久島萩 | 山繡球 | 迷迭香 | 皋月杜鵑 | 長壽梅

梅

原產地爲中國，自萬葉時代便普遍受日本人喜愛的花木。

園藝品種數量衆多，大致可分爲野梅系（木質部的木髓爲白色）、紅梅系（木髓爲紅色）與豐後系（果梅）這三種。可作爲盆栽的，幾乎都是野梅系。

園藝品種的花色、葉色、開花方式與出枝方式琳琅滿目，若找到喜歡的梅樹，不妨記下品種名。

花朵雖會凋零，但因爲歲月而呈現古木感的幹肌與枝條伸展的整體氣氛也是盆栽極爲迷人的魅力。

想要長久保持梅樹應有的風情，關鍵在於剪枝。花朵盛開時葉片會掉落，所以花朵凋謝後一定要將枝條剪短，不讓其徒長，這點很重要。

日名	梅（ウメ）、好文木、春告草、木の花
別名	台灣梅、梅仔、梅花、白梅
英名	Japanese apricot, ume
學名	*Prunus mume (=Armeniaca mume)*
分類	薔薇科 梅屬
樹形	模樣木、斜幹、蟠幹、文人木、半懸崖

◀上下 20cm／左右 17cm

培植月曆

月	剪枝	換盆	纏線	剔葉	肥料
1月					
2月	●	●			
3月	●	●			
4月			●		●
5月			●		●
6月				●	●
7月					●
8月					●
9月		●			●
10月		●			●
11月					
12月					

※斟酌情況拆線

日常管理的「訣竅」

放置場所
喜日照充足、通風佳的地方。置於半日陰處可讓花朵盛開。盛夏盡量避免日光直射。

澆水
喜水。盆缽表土一旦變得乾燥就要澆上大量的水，直到從盆眼滴落為止。

肥料
肥料要多給，否則枝條會變細，甚至枯竭，就連花芽也不容易冒出來。從春季到10月這段期間每個月要置肥一次。

換盆
幼木生長速度快，每年要換盆一次；生長後也要每2年換盆一次。

病蟲害
對於病蟲害要格外留意。樹幹會遭受看似樹脂的透翅蛾、蚜蟲、介殼蟲與二斑葉蟎侵襲，葉片會染上白粉病、霜霉菌與黑斑病，因此要嚴加預防與防除。

培養—剪枝

一旦花數多，開花期長，樹木就會明顯失去活力，進而造成枝條枯竭或長勢差。花開至五分時，去除花朵與花蕾並且剪枝，這對梅來講是項重要作業。尤其是幼木，這個作業會大大地影響到今後的長勢。

1 剪枝前一定要先去除花朵與花蕾。

POINT
花芽長出的地方不會出現葉芽，剪枝前枝根若吐出芽，這個地方就會冒出葉芽，形成徒長枝。

2 確認枝根的小葉芽，剪刀從芽稍微往上的地方剪下。直角剪下枝條，這樣就能將切口縮至最小。

培養—換盆

剪枝後，切口到節之間的枝條會掉落，剩下的會繼續生長。長到某個程度時就可纏上金屬線，塑整枝形後再來換盆。換盆前一天要控制水分，如此一來根系會比較容易整理。

梅對於用土雖不挑剔，但最好是根據盆缽大小與環境選擇排水性與保水性佳的用土。換盆後立刻施上一層薄薄的肥料，補充營養，開始吐芽後再一邊觀察，一邊慢慢增加肥料。

1 纏線整枝後從盆缽中拉出，鬆開土壤，整理底根與股根，配合下一個盆缽大致修剪。這時可用舊剪刀剪除根部。

2 準備好盆缽，最後再整理一次根系。這時用銳利的剪枝剪刀剪，傷口會比較快癒合，發出的根也會比較漂亮。

剪下

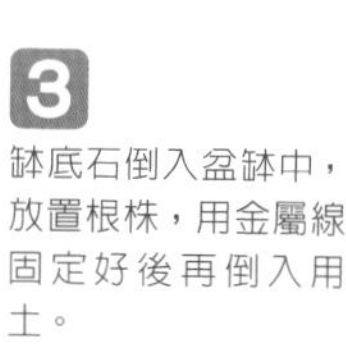

3 缽底石倒入盆缽中，放置根株，用金屬線固定好後再倒入用土。

4 筷子插入根縫中的土壤裡。手指按壓表土，確認後鋪上水苔養生。

創作─摘芽調整

將梅木培植在盆栽裡時，並不是只要開花就好。開花所需的能量會消耗樹的活力，因此當樹還幼小或是不夠強壯時，就必須剝除花芽調整。

在塑造枝條景觀的過程中，亦可增加葉芽，讓枝條間不會過於鬆散，朝密集的方向生長。

樹木變得十分強勁後，就可抑制枝條生長，增加花芽，如此一來就能欣賞到花朵的優美姿態了。

梅花花芽分化大約是從7月開始，因此枝條調整最好是在6月左右進行。平時要記得觀察樹的生長情況，並視情況加以調整。

●增加葉芽的方法

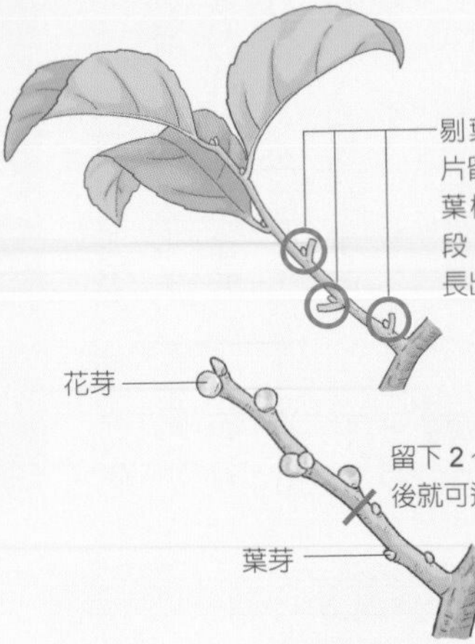

剝葉時枝根的葉片留下2～3片，葉柄也留下一小段，這樣就不會長出花芽
花芽
留下2～3個芽苞後就可返還切
葉芽

●增加花芽的方法

方法①

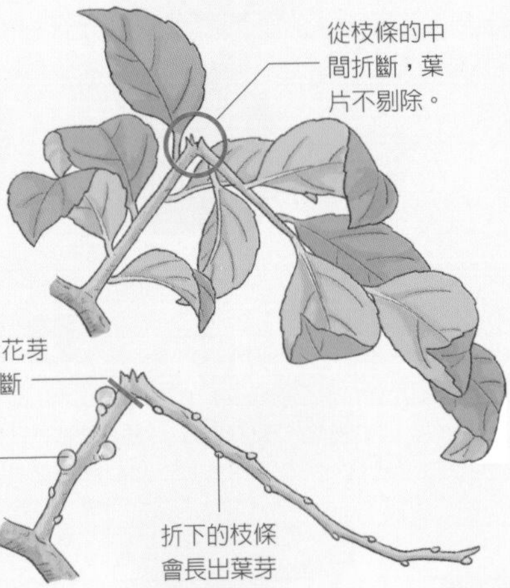

從枝條的中間折斷，葉片不剝除。
長出花芽後剪斷
花芽
折下的枝條會長出葉芽

方法②

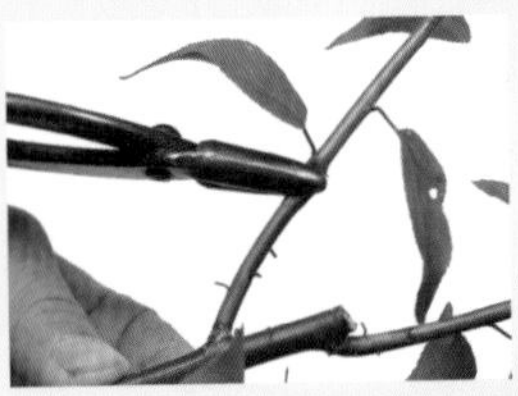

1 長勢強的幼枝長粗後用鉗子把梗壓扁。

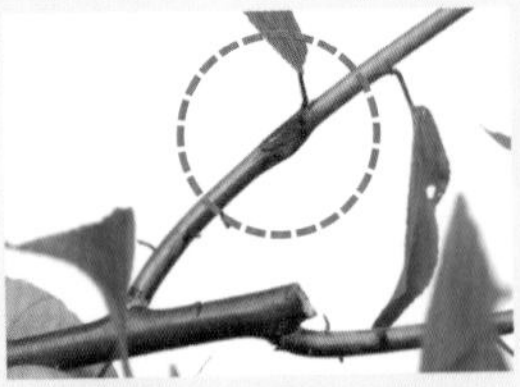

2 讓輸送水與養分的通道變窄，留下葉片。只要阻礙生長，就會冒出花芽。

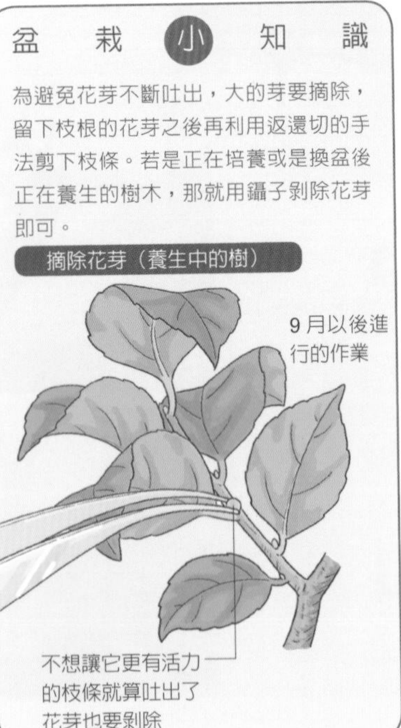

盆栽小知識

為避免花芽不斷吐出，大的芽要摘除，留下枝根的花芽之後再利用返還切的手法剪下枝條。若是正在培養或是換盆後正在養生的樹木，那就用鑷子剝除花芽即可。

摘除花芽（養生中的樹）

9月以後進行的作業
不想讓它更有活力的枝條就算吐出了花芽也要剝除

創作—整枝

這是利用前項調整技術整枝以增加葉芽與花芽的實際範例。進行時間是在春季新芽停止生長時期，在關東北部約6月中旬。因為地區與環境因素，作業時間可前後調整。

作業前先眺望整體樹木。這裡可看出枝條生長的方向很凌亂，上方的枝條很有活力地伸展，但下方的枝條卻很柔弱。在此只針對充分伸展而且有活力的枝條來調整。

BEFORE

AFTER

1 找出葉根處吐出嫩芽的地方，剔葉時只留下少許葉柄，這樣就可增加葉芽。

2 筆直生長的枝條折斷的話會阻擋到下方枝葉，使其無法接受日照，故用鉗子將葉梗壓扁。

葉梗壓扁的狀態。保留上方這個部分是為了不阻擋葉面從日光攝取養分，因為過度缺乏營養會刪減吐出花芽的力量。

3 若是葉數少的枝條，就把手指貼放在想要折斷的地方整個往下折，但不要讓枝條受到太多傷害。

葉根折斷的狀態。折斷的地方到枝根這個部分吐出了花芽。只要掌握力道強弱與適當時期，樹木就會綻放出很有趣的花朵。

櫻

櫻木，堪稱日本人最喜愛的樹木。從「櫻花前線」這個開花情報不難看見其受矚目的程度，足以成爲季節象徵。

憑這點，許多人認爲日本人是「櫻花的夥伴」，而且在國際上日本的櫻花屬樹木不僅分類細，系統不同，學名也有所差異。

適合作爲盆栽的園藝品種繁多，不過最受歡迎的就屬山櫻系與吉野櫻系。姑且不管系統，櫻樹生長力很旺盛，而且花朵盛開。雖必須勤於照料，卻能讓人享受到燦爛輝煌的樂趣。

將櫻樹栽種成盆栽的目的，無非是爲了幹條的古色感。枝條更新快，枯萎剝落後又會再長出新枝，想要定枝，並不容易。與其如此，不如利用擴展的枝條來塑造樹姿。

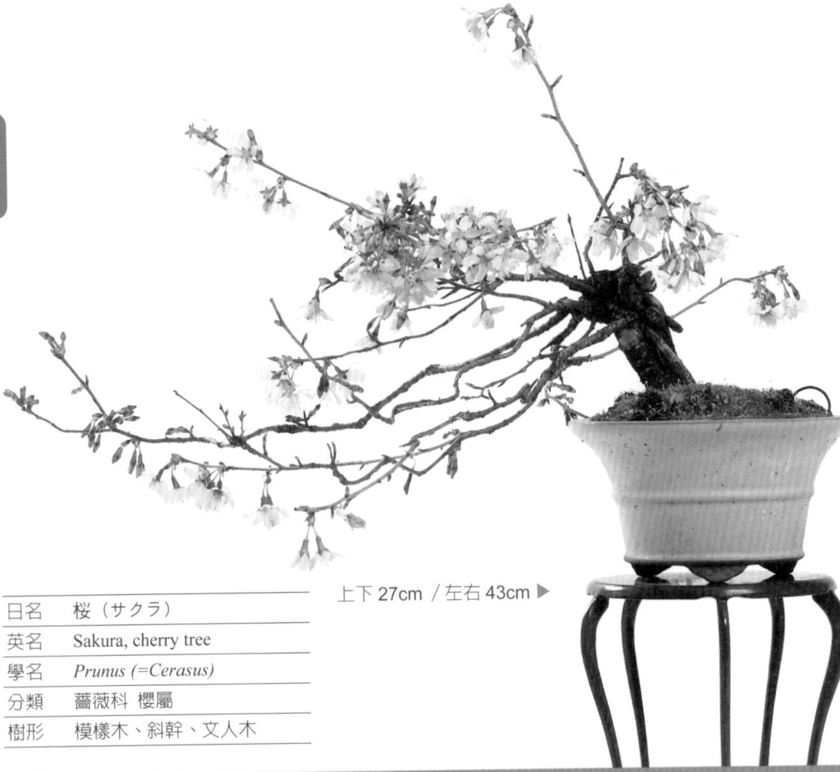

培植月曆

月	剪枝	換盆／摘芽	肥料
1月			
2月	剪枝		
3月	●	換盆	肥料
4月	●		●
5月	●	摘芽	●
6月	●		●
7月			●
8月			●
9月		換盆	●
10月		●	●
11月	剪枝		
12月	●		

上下 27cm ／左右 43cm ▶

日名	桜（サクラ）
英名	Sakura, cherry tree
學名	*Prunus (=Cerasus)*
分類	薔薇科 櫻屬
樹形	模樣木、斜幹、文人木

日常管理的「訣竅」

放置場所

喜日照，半日陰亦可。生長期置於向陽處，梅雨季節以後置於半日陰處的話會比較好管理。

澆水

根部生長速度快，喜水。但水分過多的話會導致花朵不易綻放。只要表土乾燥，就澆上大量的水。

肥料

生長速度快，必須配合成長狀況隨時補充肥料，如此一來開出的花朵會更加美麗。施肥時以有機肥料為主，並視情況調整。

換盆

盡量1年換盆一次，因為到了第2年根系就會開始纏繞。多肥培育的話要儘早換盆。

病蟲害

有蚜蟲、天幕枯葉蛾的毛蟲、介殼蟲與二斑葉蟎。還要注意細菌引起的根頭癌腫病。

樹形已經塑整好，日後並沒有計畫要大幅變更時，換盆之際就連同外側的根系稍微整理並且配盆即可。

這裡是要將已經整枝纏線的櫻樹在花朵盛開情況下換盆，此時球根不需整個鬆開。

可趁這個機會觀察平常不容易看到的盆缽內部，所以在修剪根部前不妨仔細觀看，好好掌握樹木的健康狀況。

1 從盆缽拉出後輕輕鬆開球根，觀察根部生長情況，以及有沒有生病的徵兆。

2 從外側疏根，剪下較長的根系，並且配合今後的培育方式整理根部。

3 放入下一個盆缽看看。若覺得合適，就準備缽底網與金屬線。

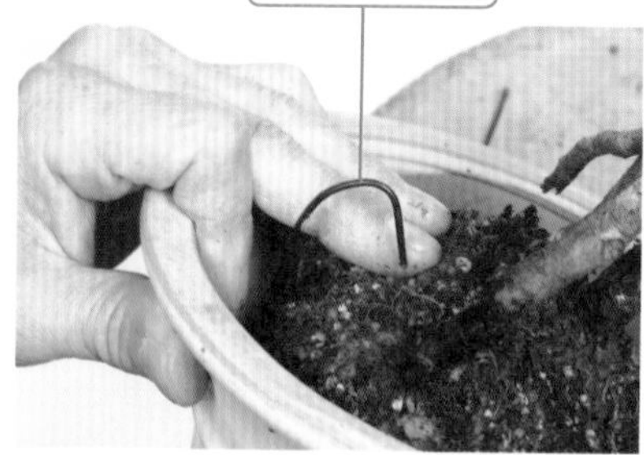

4 鋪入缽底石後將球根放在上面，用金屬線緊緊固定。是否有固定好會影響到今後生長的情況，可以的話盡量從四個方向緊緊壓住。

5 倒入用土，幹根已經有好幾年的樹齡，所以單用肥料效率好的赤玉土。

6 筷子插入用土中，將球根與用土間的縫隙填滿。用土要比缽緣低。

換盆完畢。鋪上一層水苔，以免乾燥。

創作—纏線

3月開花的寒緋櫻系「阿龜櫻」的露根樹形。盛開的花朵從樹根一直延伸到枝條，故整枝的同時還纏上金屬線，營造出盆栽應有的情趣風韻。

先觀望整棵樹，找到「觀賞點」。決定正面後想像枝條的動線，大致剪除不需要的枝條。至於細部就一邊纏線，一邊剪枝，以避免剪過頭。

POINT
櫻花的枝條容易斷裂，因此纏線時只要愈接近枝根，就愈要留意力道。

1 從下枝纏線纏到一半的樣子。彎曲主幹線條（曲付）時一開始要平緩，愈往尾端纏繞的次數愈密集，這樣就可醞釀出韻味。

2 纏到一半時，換成線條比纏繞枝根的線還要細的金屬線，繼續纏到枝梢。雙手並用，朝自己這個方向纏的話不僅可看清楚枝梢，不會纏錯方向，也不會傷害到樹木。

3 纏好線的枝條彎曲時用指腹輕壓。平時修整時若能養成確認枝條容易彎曲方向的習慣，這樣就可隨時派上用場了。

範例 — ❶

彼岸櫻系的「十月櫻」模樣木樹形。屬 7 ～ 14 瓣的重瓣櫻花。四季均可開花，只要冒出花芽，約過百日花朵即會綻放。春季到秋季這段期間會開花，雖有時花數並不多，但在沒有花朵盛開的 10 月卻格外醒目。

樹高 12cm ▶

AFTER

朝左伸展的第一要枝動線配合第二要枝與頭所構成的斜邊，形成一個不等邊三角形。生氣勃勃的姿態與安定感構成了一個均衡的畫面。

第二要枝

第一要枝

〈從正面〉

從正面看時出現在眼前的若是一個向前彎曲的不等邊三角形，對看的人來說會感受到一種魄力。這就是讓人感受到樹木大小的手法。

〈從左側〉

從正面看會發現這是一個龐大的不等邊三角形，同時也是月牙形。枝條擴展的模樣彷彿要將看的人整個擁抱懷中。

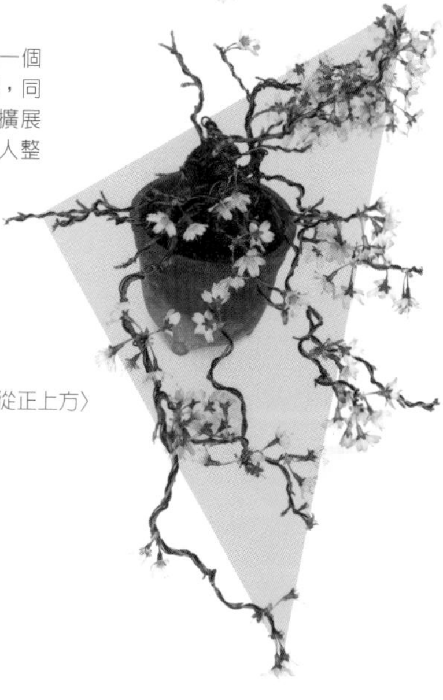

〈從正上方〉

範例 — ❷

於上方同為「十月櫻」的花芽吐出時期的姿態。趨近紅色的濃烈色彩會慢慢變淡。

◀樹高 12cm

茶花

山茶屬茶花分布於日本、中國與越南，但眞正可稱爲茶花的卻只有日本原產種。

江戶時代山茶與雪茶交配出不少園藝品種，不管是花形還是花色均十分豐富多彩，除了庭院樹木與盆栽，不少人亦會收集園藝品種。

盆栽方面，肥後茶的歷史自江戶時代一直傳承至今。另一方面，利用插枝與播種培養、花朵嬌小、採用文人木樹形的侘助茶亦深受大家喜愛。光澤亮麗的常綠葉，質地緻密的美麗幹肌，粗獷的幹木，充分展現出從容不迫的風格。

病蟲害多固然是培植時的困難點，但茶花原本就是生長於日本山地的樹木，因此耐性強，樹木本身不容易枯萎，只要及早預防，培植起來並不困難。

日名	椿（ツバキ）
別名	油茶、日本山茶、山茶花、鳳凰山茶
英名	Camellia, Japanese camellia
學名	*Camellia japonica*
分類	山茶科 山茶屬
樹形	模樣木、文人木、半懸崖

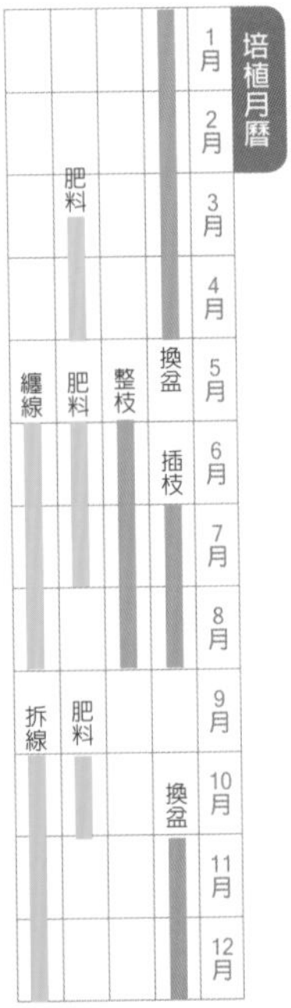

培植月曆

1月	2月	3月	4月	5月	6月	7月	8月	9月	10月	11月	12月
				換盆	插枝				換盆		
				整枝							
		肥料		肥料				肥料			
				纏線				拆線			

◀上下 18cm／左右 30cm

日常管理的「訣竅」

放置場所
耐日陰，但喜日照與通風。要注意的是夏季直接曝晒在日光底下的話會導致葉燒。冬季要置於室內管理。

澆水
生長期間1天一次，盛夏的話2～3次。冬天也要留意缺水。

肥料
因為多肥而營養過多的話會傷害到新根，故要酌量。春季、初夏與秋天可施撒少量置肥或液肥。

換盆
視開花期而定，通常在開花後的11～4月這段期間進行。花芽會在8月吐出，必須在此前挑選可恢復活力的時期換盆。

病蟲害
最為熟悉的就是茶毒蛾，除此之外也有不少蟲害，還要預防細菌病與菌核病，因此要勤於定期噴灑除蟲殺菌劑。

培養—實生苗整形

茶花種籽很容易發芽，因此直接從實生苗培育會比較容易。雖未必會綻放出與母樹相同性質的花，卻能培養出更加出色的花朵，經常運用在改良園藝品種上。

茶花開花要花3～5年的時間，甚至更長。但從樹根的基幹就能塑造樹形是作為盆栽的最大魅力。一邊守護樹木成長一邊期待會開出什麼樣的花也不錯。

實生苗最好趁細小時移植。從土中挖起時盡量不要傷到細根。

2

整株苗寬鬆地纏上線，剩下的金屬線留長一些，以便固定。

3

缽底網鋪在素燒盆中，金屬線穿過底部的孔洞，繞到盆缽的外側，固定苗木。

4

另取一條金屬線穿過缽底，一條條地朝自己身體這方向往上纏。

新的金屬線兩條錯開纏在苗木上

一開始纏繞在苗木上的金屬線

缽底網

金屬線固定器（較粗的金屬線）

> **POINT**
> 3條金屬線朝同一個方向錯開纏繞，彎曲苗木時盡量讓力量均勻分散。

5

彎曲時雙手並用，緩緩進行，盡量不要把苗木折斷。

> **POINT**
> 雙手大拇指指腹貼放在想要彎曲的地方，一邊按壓，一邊用其他手指支撐，慢慢彎折。

緩緩倒入用土（赤玉土2：鹿沼土1），盡量不要傷害到細根。曲付（主幹線條彎曲）亦可在這之後的1個禮拜到10天內慢慢進行。

創作—裁枝

幼木階段的整枝剪枝作業在6月進行就行了，但在決定盆栽樹形的這個階段必須稍微大幅裁剪。

這個作業要在花朵凋謝後，葉芽快要吐出的時期進行。由於葉片攝取到的營養銳減，因此需要一段時間才能回到生長旺盛的時期。

1 從盆缽中拉出苗木，仔細觀察基幹與根部狀態，構想今後的樹形。

2 裁剪粗枝時要用銳利的剪枝剪刀或叉枝剪從枝根剪下。

3 將周圍削平，塗上癒合劑（▶ P31）保護 ，盡量不要讓切口結痂。

4 長勢強的芽就算裁切依舊會從枝根吐芽，因此要用鋸子細心裁切。

5 用美工刀將每個枝條的切口削平，以免結痂。

6 除了改變樹形，裁枝也是讓底下長勢弱的芽照到日光的必須作業。剩下的枝條留下1～2片葉片，這樣之後生長的模樣會比較漂亮。

這裡要將裁枝的樹移植到配合新樹形挑選的盆缽中。一邊想像數年後的樹形一邊修剪，就可提升樹格。

茶花換盆通常會在花朵凋謝後進行，不過7月上旬換盆卻可增加花芽。這就是在日趨炎熱的季節一時增加負擔的「欺侮栽培法」。

1 鬆開根系，配合下一個盆缽大小，大致剝除舊根，讓根部與裁切的上方更加均衡。

POINT
配盆要在正式裁枝前進行，裁剪好後盡量趁早換盆。

2 配盆決定下一個盆缽後，暫時放入其中，看看是否均衡。

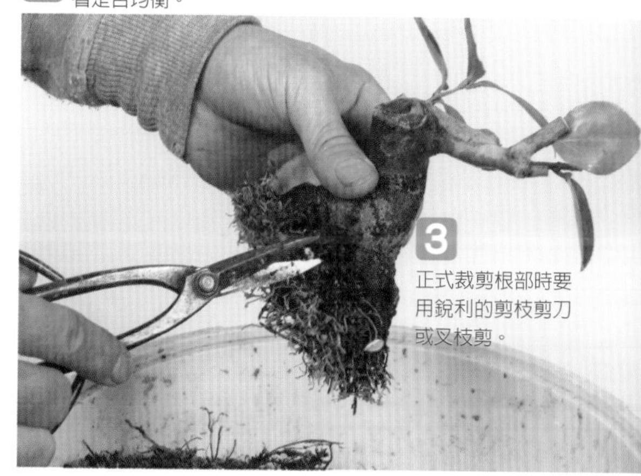

3 正式裁剪根部時要用銳利的剪枝剪刀或叉枝剪。

4 切除粗根時枝條同樣要用刀子把樹根削平。一般來說，樹木也是一樣，枝條與樹根擴展的模樣就像一面鏡子，不管是地上還是地下，都必須對稱一致。

5 球根緊緊固定後倒入用土。配的盆缽材質為瓷器，因此使用顆粒較粗的赤玉土 2：鹿沼土 1 調配的用土。

6 用筷子平坦的那一端將用土塞入根部的縫隙中，注意不要傷害到根。

換盆完畢。鋪上水苔，澆上充足的水，放在日照充足通風佳的地方管理。

野薔薇

野薔薇是日本原產的多花簇生野生薔薇，爲世界薔薇多花簇生種的交配親種。當作盆栽的大多是接近原種的小型薔薇，例如野薔薇、照葉薔薇、山椒薔薇、屋久島迷你薔薇，分類上雖屬於近緣種，但開花期多少有些差異，當中以野薔薇最早，屋久島迷你薔薇最晚。

野薔薇夥伴的紅色果實也很美麗，不過想要結果，採用他花授粉這個手法與不同系統的薔薇花交配會比較好。雖說花期各不同，但每一種都是相隔兩個禮拜就會陸續開花，若能同時培養開花時間重疊的品種，結出果實的場面會更壯觀。

想要特地欣賞果實的話，初春先剪短枝條，延遲開花的時間；相反地，放在陽光底下的話就可提早開花的時間。

培植月曆

	1月	2月	3月	4月	5月	6月	7月	8月	9月	10月	11月	12月
換盆		■	■						換盆 ■			
剪枝		■	■						剪枝 ■			
除芽				■								
肥料				■	■	■	■	■				

◀樹高 15cm

日名	野ばら（ノバラ）、ノイバラ
別名	薔薇
英名	Japanese rose, Baby rose, Seven-sisters rose
學名	*Rosa multiflora*
分類	薔薇科 薔薇屬
樹形	模樣木、斜幹、株立、半懸崖

日常管理的「訣竅」

放置場所
置於半日陰下可茁壯成長。想要結果的話放在日照底下會長的比較快，但樹木本身也會很容易消耗活力，要留意。

澆水
盡量放置在可多澆水的地方。但水一多就會伸展出長勢強的徒長枝，因此要剪枝整姿，控制其繼續成長。

肥料
培育枝條時從開花這段期間就要不斷追肥。想要結果時，開花前要多肥，開花後到結果這段期間就不要再施肥。

換盆
幼木根系容易纏繞，加上生長後盆缽會愈換愈小，因此每年要換盆一次。

病蟲害
與一般的薔薇科一樣容易遭受蟲害，還要留意根頭癌腫病與黑星病，故要定期防除。

創作—纏線

將照野薔薇的市售苗木纏線塑整成盆栽樹形。這項作業最好在枝條茂盛伸展的春季進行。

新芽吐出前進行的話，纏線後不容易預測枝條伸展的方向，故挑選綠芽開始冒出的時期為佳。

1 觀看整體，決定枝條動線後從株根一根根地纏上金屬線。纏線時要朝自己身體的方向纏繞，一邊轉動盆缽一邊進行。

2 金屬線的粗細會隨著枝條大小改變。纏線時指尖貼放在花刺的正下方會比較不容易刺到，但枝梢的花刺間隔較短，要注意。

這裡使用的品種是照野薔薇的「雅」，綻放的不是白色，而是粉紅色花朵。

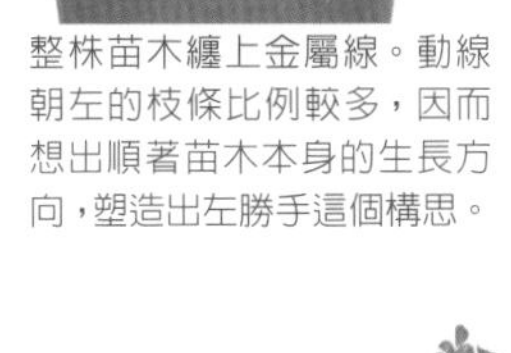

整株苗木纏上金屬線。動線朝左的枝條比例較多，因而想出順著苗木本身的生長方向，塑造出左勝手這個構思。

AFTER

纏線後經過一段時間花芽吐出。在這之前，平日也要除芽或簡單地修剪枝條。

BEFORE

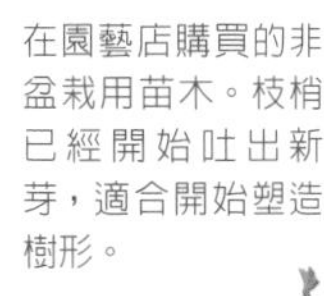

在園藝店購買的非盆栽用苗木。枝梢已經開始吐出新芽，適合開始塑造樹形。

屋久島萩

分布於日本的一種胡枝子中的園藝種，枝葉細膩，但綻放的粉紅色花朵卻比基本種明亮。

當中有種葉片與花朵格外小巧的矮性種，園藝名爲「屋久島萩」。

盆栽中還有非株立樹形，但幹條直立的木萩（綠葉胡枝子），以及小型原種的宮城野萩（毛胡枝子）。在小品盆栽當中，矮性的本種受大家喜愛。

性質上與他種萩並無多大差異，但花朵凋謝後採用返還切這個手法留下1～2節，到秋天就可欣賞第二次盛開的花朵。

整體來說，萩的根部十分凌亂，2～3年置之不理的話，只會留下粗根。根部凌亂，通常會影響到樹形，故建議每年換盆。

培植月曆

月份	換盆	除芽・剪枝	肥料
1月		除芽	
2月	換盆	除芽	
3月	換盆	剪枝	肥料
4月			肥料
5月	換盆	剪枝	肥料
6月	換盆	剪枝	肥料
7月	換盆	剪枝	肥料
8月			肥料
9月			肥料
10月			肥料
11月			
12月			

▲上下 26cm／左右 32cm

日名	ヤクシマハギ、ベニクロバナキハギ
別名	胡枝子
學名	*Lespedeza melanantha* f. *rosea*
分類	豆科 胡枝子屬
樹形	直幹、斜幹、模樣木、懸崖

日常管理的「訣竅」

放置場所

喜日照充足、通風處。雖強健茁壯，但冬季最好還是置於無加溫的室內管理。

澆水

耐乾燥，但水分不足時花芽會無法整個吐出。最好多澆水，並且培養在排水佳的環境下。

肥料

肥料不足，花芽就會無法吐出，只有葉片茂密生長，枝條也會過度伸展。4～10月這段期間每月置肥一次可讓幹條變粗，過冬時也比較容易管理。

換盆

盡量1年一次，最晚每2年一定要換盆一次。若沒有長新根，枝條會很容易掉落，最後只剩下原本的枝條。

病蟲害

新芽很容易長蚜蟲，因此要定期噴灑殺蟲劑以防除。

創作—花朵凋謝後整姿

樹形長到某個程度後就可整姿。在花期快要結束的9月就可剪枝換盆。有好幾條粗根露出表土，這部分也要裁枝。

隔年若也要讓根部長到跟此時一樣的粗細時，就可用這種方式來整姿。塑形時必須趁枝條細小時纏線，因爲粗枝較硬，不適合纏線。

1 細枝用剪定鋏裁切。靠近枝根處盡量留1～2節。

2 粗枝用剪刀大致剪下後，剩下的用修枝剪切除。

3 枝條裁切後的模樣。接著從缽中拉出，準備進入換盆作業。

4 裁切粗根時要使用根切鋏，這樣傷口比較小，治癒速度也會較快。

花朵凋謝後的狀態。可趁這時裁剪枝葉，更換盆缽。慢慢思考根部伸展的方向，挑選一個略深的圓缽。

AFTER

裁剪變粗的枝條，粗根裁切後換好盆的模樣。細枝只要在枝根留下1～2節，隔年就可長到與現在一樣的大小。

山繡球

日本原產的聚繖花序類繡球花爲原種，但自然交雜的突變種多，所以現在大家熟悉的種類均爲「變種」。裝飾花呈深青色的蝦夷紫陽花與豔紅的紅額均爲變種群之一。

山繡球洋溢著如同纖細山草般的風韻，是熱門的盆栽種。只不過枝條會接二連三地更新，難以固定樹形。

每年初春新芽吐出時不妨順便塑整樹形。處理方式居於樹木與山草間，但樹根卻會不斷生長。

9～10月會吐出花芽，之後剪枝的話花就不會開，所以要等花朵凋謝後再來裁剪長勢強的枝條，此時可採用插枝方式來繁殖。

培植月曆

月			
1月	換盆・分株		
2月			
3月		纏線	肥料
4月	插枝		
5月			
6月			
7月		剪枝	
8月			肥料
9月		拆線	
10月			
11月			
12月			

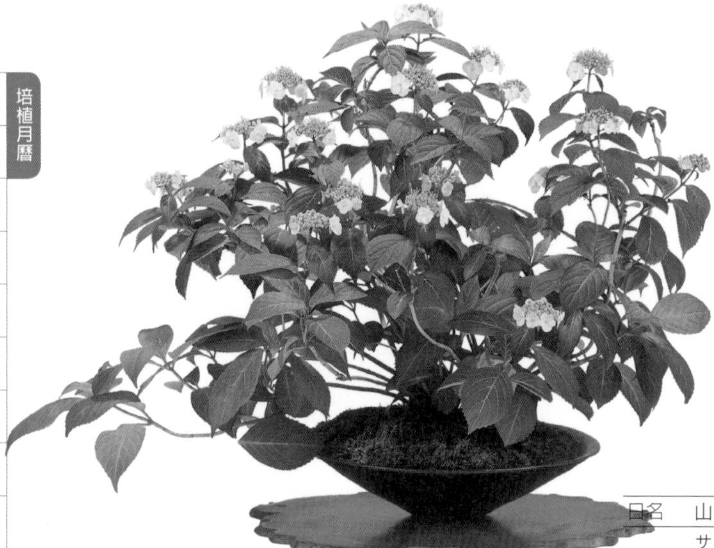

日名	山あじさい（ヤマアジサイ）、サワアジサイ
別名	山紫陽花
英名	Mountain hydrangea, Tea-of-heaven
學名	*Hydrangea serrata* var. *serrata*
分類	虎耳草科／繡球花科 繡球屬
樹形	株立

日常管理的「訣竅」

放置場所
喜日陰或半日陰。尤其是枝條纖細的種類要盡量避免日光直接照射，並且置於通風佳的地方培養。

澆水
喜潮濕，要多澆水以預防乾燥，但氣溫高的季節要注意悶熱。

肥料
初春開始施肥到開花時期的5～6月，如此一來花色會更美麗。花朵凋謝後與花芽準備吐出的秋季還要置肥。

換盆
要在早春新芽吐出前換盆。在葉片長出的時期換盆會消耗樹木的活力，加上根系容易纏繞，因此每2年要換盆一次。

病蟲害
早春容易受到蟎蟲侵襲。此外，新芽吐出時還會出現蚜蟲與二斑葉蟎，要多加預防。

創作—纏線

1

春季在園藝店購買的苗木盆。但已過了換盆適期，故先纏線，塑整出盆栽應有的外形，為隔年的樹形做準備。

2

每根枝條從枝根開始纏線。細枝要纏上兩圈，枝梢要用細的金屬線纏繞。

POINT
彎曲枝條時要慢慢來，沒有花芽的地方若長出新葉要剪下。

3

雖還稱不上盆栽，但花芽的方向與枝條的均衡已經固定了。接下來只要在當年增加枝條與葉片，之後就能悠哉地等待開花。

創作—花朵凋謝剪枝

花朵凋謝後剪下花梗，枝條也要修剪。置之不理，任由生長的話只會留下長勢強的枝條，伸長的枝梢會吐出花芽，使得樹形變得鬆散。

整體樹形雖無法保持到隔年，但可留下能成爲樹芯的枝條，使其慢慢長粗。

BEFORE

AFTER

花梗要連同花莖一起裁剪。枝條也要修剪，但要當作隔年樹芯的枝條要留長一些。葉片在自然凋落前不妨多留一些，以作為花芽的滋養來源。

迷迭香

以香草植物廣爲人知、原產於地中海沿岸地區的常綠灌木。若是作爲盆栽，塑造樹形，並且花上數年的時間讓幹條變粗，就會散發出一股令人驚訝的古木風格。

然而培養在小盆缽中的話反而會暴露出不耐高溫潮濕的脆弱性質。另外，通年都會吐芽伸枝，除了盛夏時分，花朵會接二連三地綻放，若不勤奮修剪，樹形會難以維持。作爲香草植物雖強健，作爲盆栽培養時卻不易照料。

耐寒亦耐乾燥，但初夏到夏季這段期間必須澆水降低地溫。建議栽種在排水性佳的用土裡，通風佳且涼爽的環境之中。容易插枝繁殖，即使是水插法也能充分發根。

培植月曆

月份	換盆	剪枝・摘芽	肥料
1月	●	●	
2月	●	●	
3月		●	
4月		●	●
5月		●	●
6月		●	
7月		●	
8月		●	
9月		●	
10月		●	●
11月	●	●	●
12月	●	●	●

※斟酌情況纏線、拆線

◀樹高 9.5cm

日名	ローズマリー、マンネンロウ
英名	Rosemary
學名	*Rosmarinus officinalis*
分類	唇形科 迷迭香屬
樹形	模樣木、風翩、株立

日常管理的「訣竅」

放置場所

成長於不會過於潮濕、通風涼爽處。不管是向陽處還是陰涼處，都必須注意悶熱。

澆水

表土乾燥後再澆上大量的水，但要控制次數，略為晾乾。炎夏時分需要增加次數以降低地溫，因此用土與盆缽要慎選。

肥料

不太需要施肥，用量要控制。春季與秋季每個月施一次液肥即可。

換盆

根系容易纏繞，必須觀察狀況，適時換盆。根系一旦纏繞會很容易腐爛，故每年冬季至初春最好換盆一次。

病蟲害

健康的樹木幾乎不需擔心，但悶熱與根系纏繞時會引來各種害蟲，須留意。

創作—纏線

樹形已經塑造好，部分枝幹爲舍利的樹木。不需10年，可培養出古木感。這就是迷迭香盆栽的魅力之一。

這裡利用纏線疏整枝條凌亂伸展的部分，讓枝條間多些空間，藉以整頓樹姿。

若置之不理，所有枝條會筆直朝上生長，如此一來就會失去盆栽的韻味，加上葉片過於密集，容易悶熱，反而會導致病蟲害。

1 一邊想像每根枝條彎曲的方向，一邊從枝根開始纏線。

2 細長的枝梢用鉗子等工具紮實地纏上金屬線。

3 想要橫向擴展的枝條可一邊纏線，一邊用手指慢慢彎曲。

4 去除過多的青苔，尤其是附著在幹條上的青苔要用鑷子細心刮除。

枝條全部朝同一個方向筆直伸展，而且葉片重疊，如此一來不僅容易悶熱，承受日照的地方也會有所差異，結果導致枝條無法均等生長。

整齊向上伸展的枝條通風變好了，樹形也整頓了。整姿後要繼續修剪，根系也要順便整理。

皋月杜鵑

自生於關東以西、九州南部以南一直到屋久島（四國除外）的杜鵑同類。生長於河川與沼澤旁岩場的溪流種很強健，過去想要種植在盆栽中並不容易。

昭和以後，在擁有栽種皋月杜鵑最佳性質的鹿沼土漸漸普及下，進而掀起風潮。觀賞花朵盛開的大型花朵盆栽開始流行，從花色與花型的突變種到園藝品種多彩豐富。加上昭和以前就已造成流行，有時甚至還會根據新品創作的時代來區分品種。但除非是皋月杜鵑的愛好家，否則並不需要過於在意品種創作的年代。

除了花朵，盆栽種還可享受塑造樹形的樂趣。例如皋月杜鵑的幹條擁有容易長粗的特性，但枝條卻十分細長，算是可欣賞到各種樹形的樹種。

培植月曆

1月	纏線
2月	
3月	換盆、肥料
4月	剪枝
5月	拆線
6月	剪枝、換盆
7月	摘枯花
8月	
9月	纏線、疏葉
10月	
11月	肥料
12月	

◀樹高 18cm

日名	皐月（サツキ）、サツキツツジ
別名	皐月杜鵑、夏鵑、日本杜鵑、迎春花
英名	Macranthum azalea, Satsuki azalea
學名	*Rhododendron indicum*
分類	杜鵑花科 杜鵑屬
樹形	模樣木、直幹、懸崖、集合種植、石附、露根

日常管理的「訣竅」

放置場所
幼木置於日照充足的地方能茁壯成長。但在維持樹形的階段必須放在上午日照充足的半日陰處管理。

澆水
極為喜水，但過於潮濕的話反而會變得衰弱，因此要培植在排水性佳，同時又能保持濕度的用土中，盡量不要缺水。

肥料
必須多加施肥。綻放花朵時需要力量，因此4月施肥一次，花朵凋謝後到10月為止每個月置肥一次。肥料不夠的話，會導致枝條枯竭。

換盆
根部細，愈接近表面就愈容易擴展，盆缽高度太淺的話反而會導致根系纏繞，故每2～3年要換盆一次。

病蟲害
必須定期噴灑除蟲劑以防蚜蟲、蟎蟲、二斑葉蟎與軍配蟲。

培養—處置受傷的根部

皋月杜鵑夏天若缺水或水分不足，根部會出現嚴重的傷害。

皋月杜鵑的根部會在靠近地表處擴展開來，只要根部一受傷，表層的土壤就會變黑。因為根部受傷而變黑的土壤保水性高，容易導致潮濕，這樣反而會讓根部更容易腐爛。

置之不理的話衰弱的枝條會開始枯竭；樹形變大時，反而會更加凌亂。

遇到這種情況就算換盆也無法改善，必須使用盆栽洗淨器用強勁的水壓沖洗土壤，去除受傷的根部。要注意的是，根部之間的縫隙不可殘留舊土，要整個替換成新土。

不只是根部受傷時，當新購入皋月杜鵑盆栽，一定要進行一次上述的清洗作業。雖麻煩，卻能防範未然，安心培養，進而享受賞玩的樂趣。

可看出歲月悠久的名品「珍山」。葉片嬌小，為熱門程度高的小品盆栽。從變黑的表土可看出根部已受到損傷必須洗根，因此決定將整盆用土 100% 換成新土後，再植回原本的盆缽中。

疏根剝除土壤，整理後，用水柱施壓去除受傷的根部。

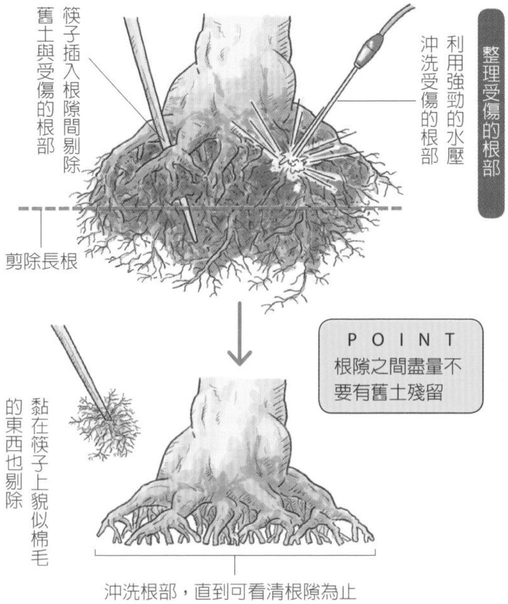

整理受傷的根部

從底部可看出根部與枝條很密集，瀰漫著一股古老感。可移植在素燒盆中使其早日恢復健康，但培植在相同盆缽中一段時間使其恢復活力的話，就能保有其古香韻味。

皐月杜鵑的盆栽是要以觀賞花朵爲優先，還是以樹形爲要，通常會影響到剪枝時期。最理想的情況，就是同時培養數盆，如此一來就可能一舉兩得，兩者均能欣賞。

這裡是以花朵凋謝後剪枝，隔年以相同樹形觀賞花朵的方式來修剪。若是以樹形爲優先考量，開花前先剪枝，這樣後就可吐出漂亮的芽。

1 花梗全部摘除後的狀態，冬葉的根部已經吐出今年的新芽。

2 只要剪下長出新芽的小枝條，隔年整棵樹雖會稍微長大，但卻能維持幾乎一樣的樹形開花。

3 下枝基本上骨格已經形成了，只要稍微修剪枝條，盡量不要讓它再長大就好。

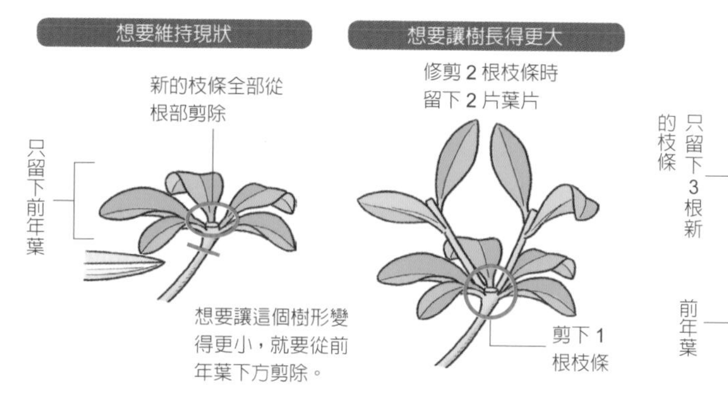

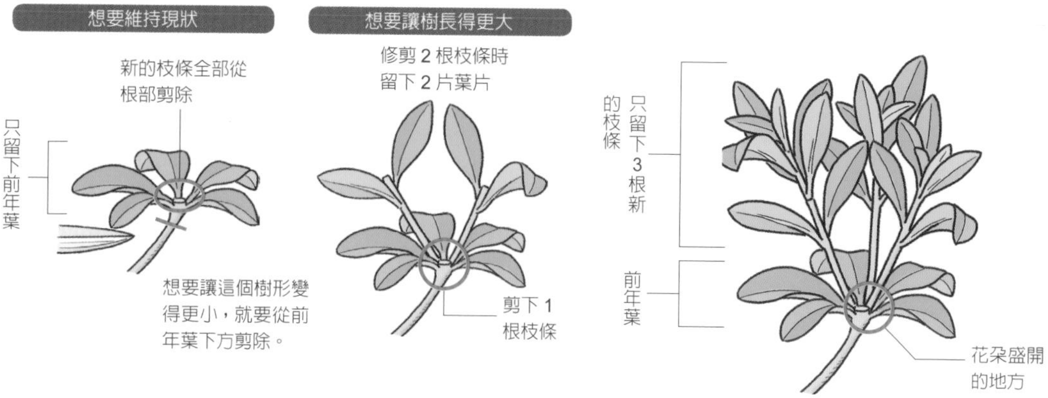

◀樹高 14cm

範例 — ❶

皋月杜鵑中的「明美之月」。屬中輪花，白與紫紅二色交錯綻放出模樣琳琅滿目的花朵。適合欣賞花朵，亦適合塑造樹形。照片中為小品，基幹穩定，打枝方式壯觀的露根樹形。

長壽梅

木瓜同類中唯一的日本原產種、日本木瓜的園藝品種。不算草，屬灌木，而且是樹高低矮、枝條橫向伸展的矮性種。

在日本木瓜這園藝品種中，長壽梅算是最受大家喜愛的樹種。四季開花性強，從春到秋季都可欣賞到惹人憐愛的花朵。

以盆栽來講，最大的魅力莫過於枝條細膩，容易塑造樹形，無論大型或小品均適宜。幹條雖不易長粗，但細膩的枝條紛出，加上枝幹容易展現古香韻味，散發一股獨特的風格。鮮明的花色，加上新芽的嫩綠與枝幹的古色，更是形成絕妙的對比。

生長力旺盛，一到生長期，葉片與花朵就會紛湧而出，雖需要費心照料，卻能讓人沉浸在塑造出心目中理想樹形的樂趣之中。

培植月曆

月	換盆	摘芽・剪枝	纏線／拆線	肥料
1月				━
2月		摘芽・剪枝		肥料
3月			纏線	肥料
4月		━	━	━
5月		━	━	━
6月		━	━	
7月	換盆	━		肥料
8月	━	━	拆線	━
9月	━	━	━	━
10月	━	━	━	━
11月		━	━	
12月				

◀樹高 7cm

日名	長寿梅（チョウジュバイ）、クサボケ、シドミ、コボケ、ノボケ、ジナシ
別名	日本木瓜
英名	Japanese quince
學名	*Chaenomeles japonica* 'Chojubai'
分類	薔薇科 木瓜屬
樹形	模樣木、株立、懸崖、連根、集合種植、石附

日常管理的「訣竅」

放置場所
不管是日照充足或是日陰處均能茁壯成長。若能頻繁澆水的話，置於日照充足的地方管理會長得更漂亮。

澆水
喜水，但過於潮濕的話反而會讓根部衰弱。盡可能培植在排水性佳的盆鉢或用土中管理。

肥料
修剪次數頻繁時每個月置肥一次。但肥料過多時會很容易冒出徒長枝，置之不理的話舊枝會枯竭，故要特別留意。

換盆
培養在較大的盆鉢裡比較有餘裕，但配盆後每年換盆一次會比較容易管理。

病蟲害
通年都會吐芽，因此要定期噴灑殺蟲劑以預防蚜蟲侵襲新芽。

枝條生長速度快，故纏線時不需過於顧慮季節，因爲枝條變粗或老朽就會不容易塑成曲幹，若找到符合樹形形象的枝條，就要趁年輕時彎曲塑形。

像長壽梅這種屬株立性（→P 24）樹種從根部冒出的枝條生長力十分旺盛。若讓這根枝條過於伸展，就會與上幹冒出的枝條失去平衡，甚至使其變得衰弱，因此要趁早纏線，固定方向。

纏線時，金屬線要盡量避免傷害到木肌。幼枝生長速度快，有時會比預想的時間還要早變粗，加上每根枝條的生長情況不同，故平時就要觀察留意。要不斷拆線再重新纏線，以免金屬線嵌入木肌中。

1 插枝 8 年生。基本上從下枝開始纏線比較容易塑造出整體樹形。

2 纏線時若要讓枝條朝下就要從上面開始纏；若要讓枝條朝上就要從下面開始纏，這樣作業起來會比較方便。

3 朝自己這個方向纏線以固定位置，而且雙手一定要同時進行。

4 負責纏線的手指不要太用力，以指尖可張開的間距纏繞會比較漂亮。

創作─整姿

纏線前縱使腦海裡已構想好了，纏線後反而會更容易描繪出具體形象。這時候可從正面仔細觀望，捕捉枝條動線。彎曲主幹線條（曲付）時從下枝著手，會比較容易決定接下來的動線。

基本上以不等邊三角行為目標。就算枝葉不多，依舊可一邊推測將來生長的姿態，一邊慢慢使其接近理想的樹形。

纏線後仔細觀察，將每根枝條塑成曲幹，調整樹姿。

株立樹形的纏線方式

將感覺要筆直挺立的枝條纏上金屬線，使其向下曲伏。

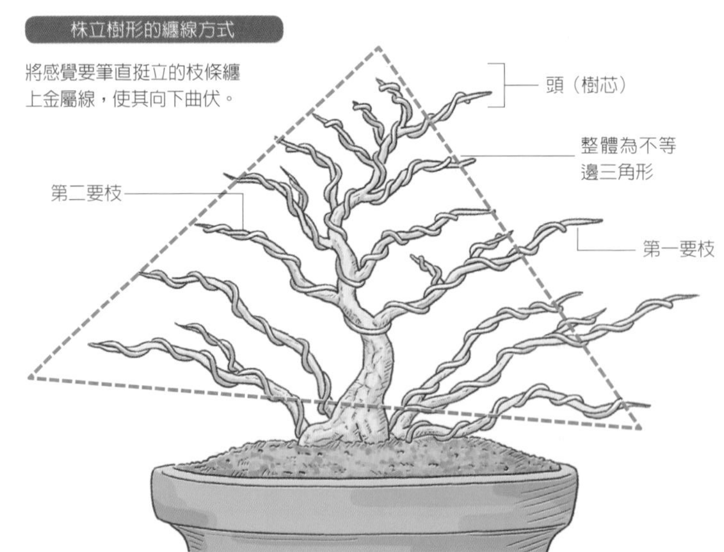

纏好金屬線，看出大致輪廓後，就可修剪超出輪廓的枝梢。

修剪已纏上金屬線的部分時，一定要先拆線再剪，剪定鋏盡量不要剪到線。至於金屬線可用鉗子或鐵線剪裁切。

1 用鐵線剪拆線後再來修剪枝條。若不小心用剪定鋏剪金屬線的話會讓刀刃受到損傷。

2 根據輪廓呈現的印象來修剪整體，枝條也分開疏整。

3 不換盆時要立刻置肥，換盆的話一個月後再開始置肥。

範例 — ❶

利用株立性樹種這個特性從根部整塊粗大的枝幹讓枝條朝各個方向伸展。呈放射線緩緩擴展的枝條展演出落落大方、氣派莊嚴的姿態，可說是充分利用長壽梅特性的株立樹形。

樹高 14cm ▶

◀樹高 11cm

範例 — ❷

獨用一根幹條使其長粗，再利用樹根塑造出輕巧曲幹、充滿活力的樹形。為均衡單幹的露根樹形。

◀上下 9cm

◀樹高 16cm

範例 — ❸

長壽梅的樹根每一根都會變得粗大，故將其整理成放射狀，嵌入石頭，塑造成石附樹形，營造出紅花綻放的長壽梅映照著黑色岩肌懸崖的風景。

範例 — ❹

樹根粗大，並且將從根部長出的根條當作樹幹，塑造成露根樹形。株立性樹種的根部變化多端，充滿樂趣，堪稱充分利用這個特性的逸品。

果實盆栽

MIMONO–BONSAI

老爺柿 | 胡頹子 | 日本衛矛 | 石榴 | 垂絲衛矛 | 南蛇藤 | 山鶯藤 | 日本南五味子 | 落霜紅 | 西府海棠 | 衛矛 | 窄葉火棘 | 山橘

老爺柿

中國原產的柿子，因果實掉落後的花萼形狀類似毽球的羽毛，故日本人又稱「ツクバネガキ」。果實小巧，就算培植在盆栽中亦可纍纍結果。

秋季時分呈現的萬種風情搭配均衡的樹形使其在盆栽界中深受大家喜愛，甚至還從個體突變種培養出好幾種園藝品種。

果實的色調、形狀以及大小個體差很大，但利用播種法栽種也不失為一種趣味。最近市面上還出現果實豔紅的「都紅」與「美山紅」這兩個品種。

屬雌雄同株，想要結果，就必須與雄株一起培養。「都紅」就算只有一株也能自家結果，但若有雄株，結果率會更高。

栽種於地面時雖是樹高不過2～3m的矮性種，但荊棘遍布，故不建議。

▶樹高 18cm

日名	ロウヤガキ、ツクバネガキ、ロウアシ、ロウアガキ、ロウヤガキ
別名	菱葉柿
英名	Diamond-leafed persimmon
學名	*Diospyros rhombifolia*
分類	柿樹科 柿屬
樹形	模樣木、斜幹、文人木、懸崖、半懸崖、連根

培植月曆

1月	
2月	
3月	肥料
4月	摘芽、剔葉、肥料
5月	摘芽、剔葉、肥料
6月	剔葉、纏線、肥料
7月	換盆、纏線、肥料
8月	換盆、纏線、肥料
9月	換盆、纏線、肥料
10月	剪枝、纏線、肥料
11月	剪枝、纏線
12月	拆線

日常管理的「訣竅」

放置場所
日照充足或日陰處均相宜，不過日照過於充足反而會讓枝條長得過於鬆散，因此要縮短日照時間，夏季置於日陰處，冬季置於無加溫的室內管理。

澆水
表土變乾就要澆上大量的水。夏季缺水的話會導致果實凋落，故要留意。梅雨季要置於屋簷底下管理。

肥料
多施肥可讓花朵盛開，果實纍纍。盛夏可用液肥替代水，9月到晚秋每個月要置肥一次。

換盆
通常會在春季換盆，但梅雨季過後到夏季這段期間換盆，在生長期不僅可茁壯成長，還能讓果實展現出漂亮的色彩。

病蟲害
雖會招來蚜蟲與介殼蟲，卻是能對抗蟲害的樹種。

創作—纏線

老爺柿結果後纏線或換盆依舊活力充沛，但春季纏線或換盆，到了生長期反而會嚴重凋落，因此建議7月至8月這段期間進行。

這裡是將7月買來的苗木盆纏線整頓樹形。老爺柿木質堅硬，要趁枝條尚細長時塑形，如此一來之後管理也會比較輕鬆。

1 拆下支柱，順著枝條動線找出適當的角度。

2 剪下育苗盆的上半部，配合構想，放入盆缽中。

要往下壓的金屬線由上向下纏繞

3 不要的枝條稍微修剪後纏上金屬線。新梢朝下，使其垂直伸展。

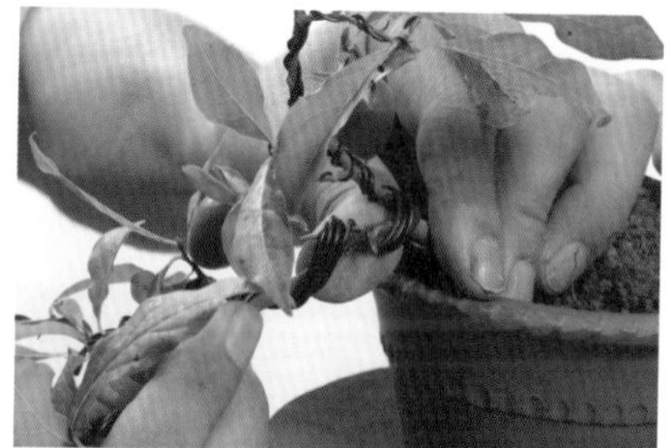

4 粗枝已經變硬，故要用2～3條的金屬線重疊纏繞，使其慢慢彎曲。

BEFORE

購買時已經結果的苗木盆。拆下園藝支柱後就可看出枝條自然的長向。

AFTER

纏線後的狀態。暫時放入盆缽中，看看換盆後的模樣。

創作—換盆

可在結果狀態下換盆是老爺柿的特質。

相同情況若出現在其他樹種上的話或許會讓人猶豫不決，唯有這種樹反而有助於生長，而且果實不會掉落，到了秋天顏色反而更美麗。

換盆後可用沖淡的液肥代替水灌溉，管理時要避免日光直接照射。

1
從盆中取出，鬆土疏根。長根伸展是此種樹的特色。

2
配合盆缽大小剪除長根。培植在地裡時，修剪過的根會吐出芽，並且在地裡伸展開來。

3 缽底石與基肥倒入盆缽中，鋪上一層薄薄的用土，固定球根。確定整個樹形的動線朝右後，用金屬線牢牢固定球根。

4 基本用土倒在球根上，用圓頭的筷子將土塞入根隙後，按壓表面，使其密實。

5
鋪上水苔，以防乾燥，灌溉至水從盆底流出，管理時必須避免日光直射。一個月後再置肥。

範例 — ❶

充滿力道、穩定的露根樹形。基幹有不少朝左伸展的細枝，瀰漫著風翩樹形的氣息。盆缽的青色色調襯托出果實的柿紅色，風韻豐富，讓人聯想到秋季的晚霞。

範例 — ❷

果實紅豔的「都紅」。由根部構成一半基幹塑造而成的露根樹形很安穩均衡，搭配上州勝山缽更是美不勝收。露出的根起先呈黑色，但只要放置一段時間，就會與幹條同色。

上下 17cm ／左右 33cm ▶

◀樹高 17cm

範例 — ❸

錯綜交纏的根條緊緊抓住根部，牢固地支撐著彎曲線條大膽的幹條。不僅讓人聯想到深山嚴峻的場景，塑造的懸崖樹形還展現出一股輕巧曼妙的風情。

上下 18cm ／左右 30cm ▶

在這個大的不等邊三角形裡配置了小三角形，展現出均衡穩定的樹形。

胡頽子

在日本以「苗代茱萸（ナワシログミ）」這個園藝名深受大家喜愛的常綠灌木，盆栽名為「寒ぐみ」。插秧季節通常為果實成熟時期，但培植在盆中時，快的話1月左右果實就會開始變色，而且可一直欣賞到春季。雖是單株就能結果的自家結果性樹種，但若有其他個體的話會更容易結果。

本屬暖地性植物，但樹質健壯，即使是寒冷地帶亦能茁壯成長。結果時期就算剔除常綠的樹葉以醞釀出落葉木的風情，過沒多久還是會吐出新芽。

塑造樹形時通常會採剔葉手法。這麼做雖不容易結果，可是只要停止剔葉，就會開出散發淡淡清香的花朵，果實也會跟著長出來。塑造樹形後，只要按部就班讓果實長出來，就能欣賞到充滿樹格的果實盆栽。

日名	寒ぐみ（カンダミ）、ナワシログミ、タワラグミ、トキワグミ
別名	蒲頽子、半含春、盧都子、四棗、柿模、三月棗、羊奶子
英名	Leathery silver-bush, Thorny olive
學名	*Elaeagnus pungens*
分類	胡頽子科 胡頽子屬
樹形	模樣木、斜幹、株立、半懸崖

◀樹高 19cm

培植月曆

	1月	2月	3月	4月	5月	6月	7月	8月	9月	10月	11月	12月
換盆			●	●					●			
摘芽				●	●							
肥料					●	●			●	●	●	

※斟酌情況剔葉、剪枝

日常管理的「訣竅」

放置場所
置於日照下可茁壯成長，也會結果纍纍。但夏季要盡量避免日光直射，冬季則要置於不會受到霜害的室內管理。

澆水
喜水，故當盆缽表土變乾時就要澆上大量的水。夏季最好增加次數。

肥料
結果後置肥，當作追肥。分量不需多，但要視情況增減。開花後到結果前這段期間盡量不要施肥。

換盆
春秋兩季以彼岸前後這段期間為換盆參考時間。因為直根會纏繞，故每年最好換盆一次。

病蟲害
新芽吐出時，除了要採取對策，預防蚜蟲，還要留意鳥類取食果實，故要妥善架上防護網。

培養—換盆

胡頹子的幹條與枝條都很容易變粗，必須趁早換盆，否則粗根一旦纏繞，根系就會錯綜密布。此外，根部更新後外觀風格會變得更加濃厚，算是一種很有趣的樹種。

植物本身很強健，可放心栽剪枝條或根條。換盆前不妨先將整體的葉片剔除，只留下新芽，尤其徒長枝並不會開花結果，因此要趁這時整理。

葉片生長速度快，沒多久就會吐出新綠。另外，重複剔葉可讓葉片變得更小更密集，整體也會變得更加均衡。

1
為了讓樹在整姿與換盆前充滿活力，因而採用將兩個沒有盆底的大盆缽重疊培植的「雙盆培養法」，如此一來就可避開根系纏繞。

修剪

2
從盆中拉出，鬆土疏根後的狀態。之後一邊用水洗淨根系，一邊配合下一個盆缽的大小修剪。

觀賞用的青苔

3
換盆完畢。為了觀賞，可立刻鋪上一層青苔；但若希望植物儘快恢復活力，不妨暫時先不要鋪青苔，這樣比較容易管理。

盆栽小知識

胡頹子細長伸展的枝條並不會吐出花芽，培植在地裡當作籬笆的話雖好處理，但為了欣賞花果而培植成盆栽的話，就必須讓枝條變得粗短。

勤奮剪枝，只要將枝梢的新芽全都留下，就能長出更多可吐出花芽的枝條。

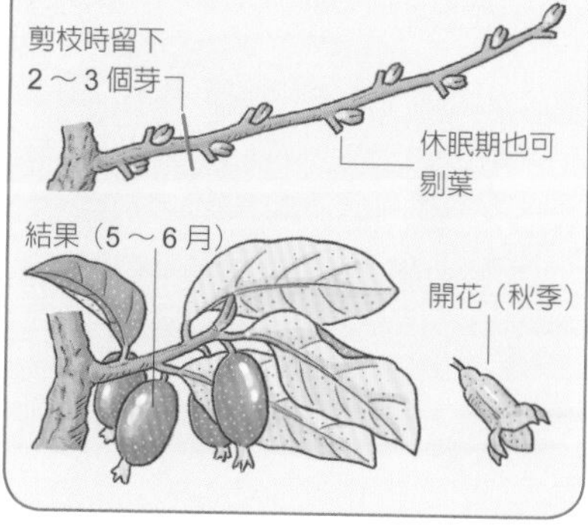

創作—整姿

上一頁換盆的樹木在換盆前要先剪枝纏線，以便整姿。

採用半懸崖樹形時，根部以下的主幹一旦伸展，營養比較不易輸送到幹部，故採用「雙缽培養」方式讓樹木充滿活力，如此一來枝條會朝上伸展，葉片也會更加茂盛。

讓樹木充滿活力，加強長勢後，接下來就要不斷抑制力量，這樣樹木就可生氣勃勃的存續下去，這就是盆栽的眞髓。

1 剔除較大的葉片，向上伸展變粗的枝條用叉枝剪切除。

2 切離的部分。事前準確描繪樹形的話，作業起來會更順利。

3 向下伸展，略在樹蔭處的枝條纏上線，使其稍微上揚，以恢復樹形。

BEFORE

強勁有力的枝條向上伸展，葉片茂密。一邊斟酌整體的均衡，一邊塑整樹形。

AFTER

整姿完畢。整體葉片的數量與大小齊一，並且拉起下枝，成為可均勻沐浴在日照下的樹形。

盆栽小知識

胡頹子酸甜的滋味勾起人們的回憶。成熟的果實吃了後把種子上的果肉洗淨，直接播種，就可種出實生苗。

範例 — ❶ 將樹姿塑整成整齊劃一的不等邊三角形同時，還意外地擁有碩大曲幹的基幹。有趣的幹模樣充滿玩心，堪稱逸品。搭配的盆缽還襯托出充滿夏意的綠葉。

◀樹高 20cm

◀上下 7cm／左右 10cm

範例 — ❸

基幹完美地展現出強勁又穩定的懸崖樹形，洋溢的時代感與古木感更是無可挑剔。細心整頓的枝條、葉數以及果實均衡完美，搭配的盆缽更是美麗，圖案的色調將染紅的果實襯托地更加出色動人。

◀上下 16cm／左右 20cm

範例 — ❷

盆缽可掌握於指尖的袖珍盆栽。充滿古木感的基幹形成半懸崖樹形，站在這個小小世界裡，可幻想到伸展的枝條前端長了一顆碩大的果實。萬種風情中瀰漫著神奇的氛圍，十分有趣。

日本衛矛

自生於日本全國，生活中人人熟悉的樹木。木質堅硬，適合當作弓箭、印章或木梳等用具的材料。

從如同用色紙摺成的小盒子般、玲瓏的果皮看穿的紅色果實可愛不已。當作庭院樹木栽種，纍纍的果實垂掛在上，每逢晚秋就會增添幾分明亮色彩。

當作盆栽栽種時，以欣賞果實爲目的。果皮的顏色以淡紅色爲基本，亦有白色與深紅色，每一種均趣味盎然，賞心悅目。

然而結果的枝條會枯落是日本衛矛與生俱來的特性，故在修整枝條時需要花些心思。

首先是提升幹條的韻味，讓枝條強勁有力，以每2～3年結果一次的方式培養，就能拉長欣賞的時間。此外，泛紅的葉片也是風韻十足，就算是沒有結果的期間，依舊情趣盎然。

培植月曆

作業	1月	2月	3月	4月	5月	6月	7月	8月	9月	10月	11月	12月
換盆		■	■									
剪枝		■	■									
肥料				■								
纏線						■	■					
肥料						■	■	■	■	■		
剪枝									■	■	■	
拆線										■	■	

▶樹高 18cm

日名	マユミ、ヤマニシキギ
英名	Japanese spindle tree
學名	*Euonymus sieboldianus*
分類	衛矛科 衛矛屬
樹形	模樣木、斜幹、文人木、半懸崖、懸崖

日常管理的「訣竅」

放置場所
要結果的那一年初春之際放置在日照充足的地方，塑造樹形的那一年放置在日陰處。要視情況利用日照，這點很重要。

澆水
要多澆水。缺水的話長勢弱的枝條會開始枯萎，因此要隨同日照多加注意，妥善照顧，以免缺水。

肥料
多施肥，好讓枝條更有活力。吐芽時需要力量，故在此前、初夏以後以及剪枝的同時每個月要施肥一次，以準備迎接秋季。

換盆
根張速度快，只要等待2～3年，力道就會更強勁。建議要結果的該年與隔年春季換盆，之後2年內不要換盆，往後以此方式循環。

病蟲害
吐芽時除了預防蚜蟲，荒皮性的幹條也要塗抹殺蟲劑。

培育—換盆

只要讓樹木充滿活力地培養下去，有時連根部也會吐出芽，稱爲「蘗」。這裡要換盆的是母株換盆時長出的根蘗。

根蘗吐芽後有段時間會附生於母株上，但往往會演變成徒長枝。同時出現數株時，每株的生長情況均不一。特地種出「蘗」的作業稱爲「伏根」。

與實生苗一樣，根蘗可趁尚幼細時彎曲基幹，而且與母株擁有相同性質，這一點與接枝一樣（但接枝苗的話情況另當別論）。只要長出根蘗，不妨嘗試看看。

細根疏整成放射狀

母株的根

1 從母株的根裁切時要剪的稍長一些；留下從蘗吐出的細根，裁剪母株的根，整理過的細根必須呈放射狀攤開來。

從根部朝自己纏線

2 細長的芽尚不穩定，故從根部到枝梢都要纏線。

3 尾端留下金屬線，以便固定在盆缽中；金屬線纏到前端（靠近新芽處）。

固定在盆缽的金屬線

POINT
纏線時盡量不要傷到吐到一半的芽。

4 金屬線穿過盆底，彎折後倒入少量用土，固定苗木後再倒滿用土。這裡使用的是袖珍盆缽，用素燒盆亦可。

5 移植完畢後鋪上水苔，澆上大量的水，盡量不要使其乾燥。母株也跟著換盆的話，就能同時欣賞到兩種截然不同風情的盆栽。

從母株的根部剪下，並且疏整好根系的根蘗。

纏上金屬線使其彎曲，培植在袖珍盆缽中後，再鋪上一層水苔，預防乾燥。

創作—纏線

一到夏季，幼木也會結果。此時必須決定是否要塑造成欣賞果實的樹形。若只有上方要塑造成有枝條的文人木樹形的話可直接保留形狀；若是要塑造成模樣木或懸崖樹形，就要纏線整頓樹姿。

結了果實的幼木。想要塑整成模樣木或懸崖樹形的話就要去除果實，整頓樹姿。

BEFORE

AFTER

就算完成，還是要天天注意金屬線有沒有嵌入幹條中，並且在快要嵌入前拆線。纏線後需觀察幾天，若樹形又回到原來的模樣時就再纏線。曲付就是在重複相同步驟的過程當中慢慢彎曲成形。

1

摘下果實後，根部插入金屬線，纏繞在根條上。先在較大的素燒盆底下鋪上一層毛巾，然後再將金屬線插入盆缽中固定，這樣會比較好作業。

2

纏上2～3層較細的金屬線，如此一來不僅容易沿著幹條的動線調整，樹木也不會折斷。

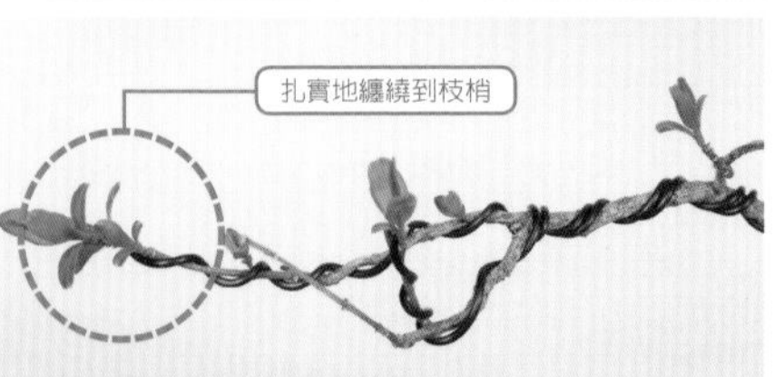

3

纏繞到枝梢。纏線時要一邊找出沒有芽的小枝條與快要徒長的枝條，並且將其切除。

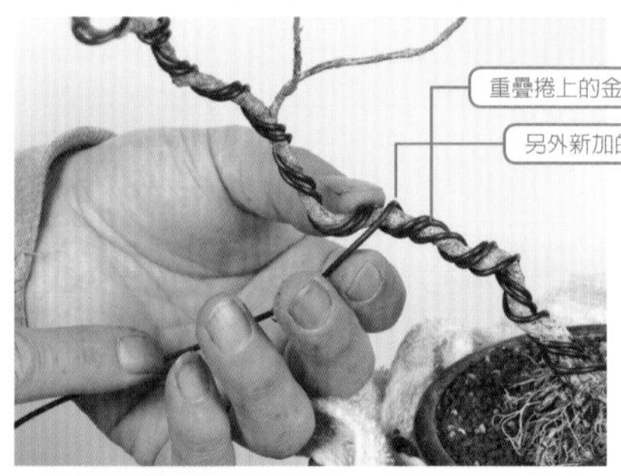

4

要讓細部線條彎曲（曲付）時，要在剛才纏繞的金屬線中間加上另外一條金屬線，如此一來枝條不僅不容易斷裂，也比較容易彎出細膩的角度。

5

彎曲時呈山形隆起的那一端纏上金屬線會比較不容易斷裂。若左右、前後、上下也一併彎曲的話，就能塑造出複雜且立體的有趣曲幹了。

創作—剪枝

為了讓插枝栽植的曲付樹幹長粗因而讓頂部的枝條伸展。當幹條變粗，顯得更加穩定時再將伸展的枝條裁切下來。

在培養的這段期間從根部長出的根蘗可參考173頁，移植到袖珍盆缽中。

枝條切下後塗上癒合劑。左邊的根蘗可在換盆時切除。

幹條長得差不多粗後，將伸展的枝條裁切下來。

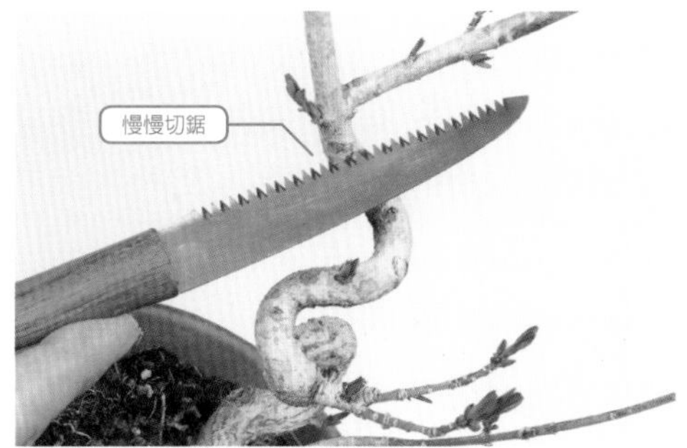

1 幹條與枝條已經長得相當粗，可用鋸子慢慢切鋸。鋸到最後要留意不要折斷或剝落樹皮。

2 這個面積大的切口位置剛好在澆水時水會滲入傷口的地方，故一定要塗上糊狀的癒合劑保護切口。

進化—範例

◀樹高 14cm

範例 — ❶ 斜幹樹形。果實沉甸，從果皮可觀賞到紅色果實，讓人感受到深秋腳步已近。漸漸泛紅的紅葉可一直欣賞到晚秋。此樹形善用枝條聚集在上方這個特徵，讓人得以盡情欣賞豐盛垂掛的美麗果實。

盆栽小知識

日本衛矛木質堅硬，遇到強勁力道時會反彈，沒有什麼柔軟性，因此較粗的枝條與幹條一定要用鋸子切鋸。用叉枝剪等工具也可裁剪，但容易導致幹條斷裂。

石榴

分布於伊朗高原至阿富汗一帶的果樹，十世紀左右傳來日本，自此後便融入當地風土中。園藝品種多，作為盆栽有矮性種的姬石榴系列與一歲性（早發性）品種、幼木時期幹條就開始扭轉的「捩幹石榴」「大果石榴」、果肉較白的「水晶白石榴」等為數眾多的熱門品種。春季吐出的赤褐色嫩芽、秋季優美的花葉更是精彩無比。

一旦成為古木，幹條就自然地展現彎曲風格，這類樹種的維管束（吸收水分的木質部與從日光攝取養分的束狀韌皮部）是從根部一直連到枝梢，一旦枝條枯竭，部分幹條到根部也會跟著乾枯。

石榴的話，這個部分並不會成為舍利幹，反而會變成彷彿燒焦般的顏色並且剝落，故剪枝時盡量不要施力過重。

日名	**石榴**（ザクロ）、セキリュウ
別名	安石榴
英名	Pomegranate
學名	*Punica granatum*
分類	石榴科／千屈菜科石榴屬
樹形	模樣木、株立、連根、懸崖、半懸崖

培植月曆

月	肥料	摘芽	剔葉	換盆	纏線	拆線	剪枝
1月							
2月							
3月	●						
4月	●						
5月	●	●	●				
6月	●		●				
7月	●			●	●		
8月	●			●	●		
9月	●			●		●	
10月	●					●	
11月						●	●
12月							

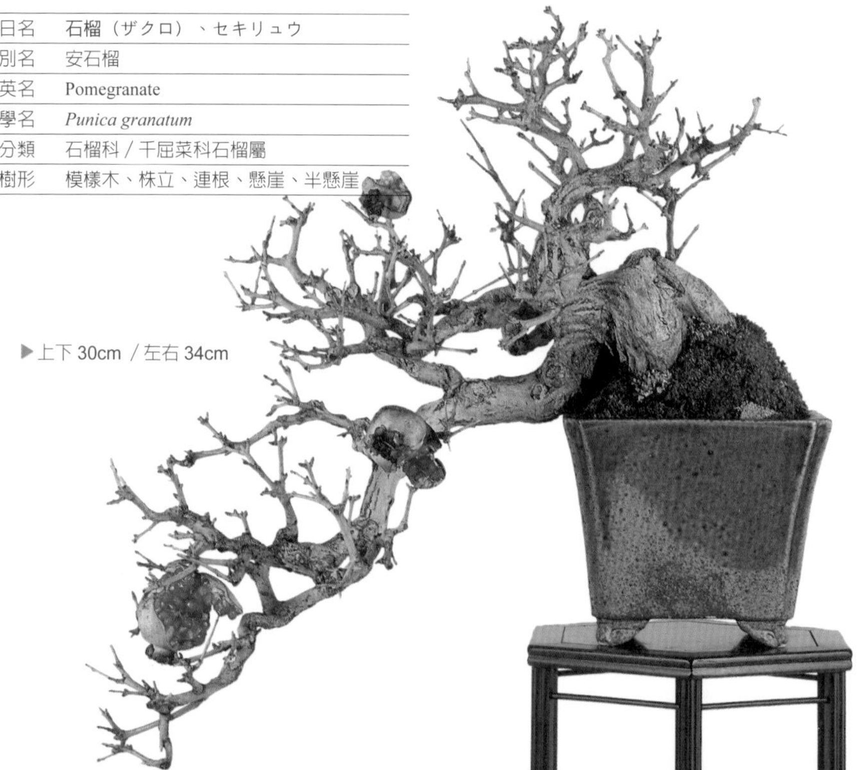

▶上下 30cm／左右 34cm

日常管理的「訣竅」

放置場所
需要日光充足、溫度高的環境。為了保持溫度，因此置於向陽處而且通風佳的地方。冬天必須置於室內保護，但為了調整吐芽的狀況，到了春季要趁早使其暴露在寒冷的環境中。

澆水
表土乾了之後就要澆上大量的水。但水太多的話反而會讓根部變得衰弱，故培植時要保留一點乾燥狀態。不過缺水葉片會凋落，要留意。

肥料
肥料過多反而不容易結果。故從春季到秋季這段生長期間每個月置肥或是噴灑液肥一次就行了。

換盆
盡量避免強剪枝（過度剪枝），每年換盆一次後就要觀察根條的模樣。秋季至冬季強剪枝或改作的話反而會讓枝條容易枯竭，所以一定要在夏季進行。

病蟲害
新芽吐出時一定要採取對策，預防蚜蟲。但石榴對於藥害很脆弱，故要留意。

創作—換盆

石榴要盡量避免過度剪枝，遇到非剪不可的情況，就盡量在夏季進行，以謀求恢復活力。

這裡要栽剪樹齡推測爲10年的石榴，之後再採用發根的方式促進細根生長。

石榴的枝條與幹條受傷的話會很容易結痂，有時必須採取大膽的措施應對。

1

從盆缽中拉出，鬆土後可看出紊亂的粗根。

2

剪除細根，整理後的狀態。幹條上的傷口是切瘤鋏挖除樹瘤後留下的痕跡。

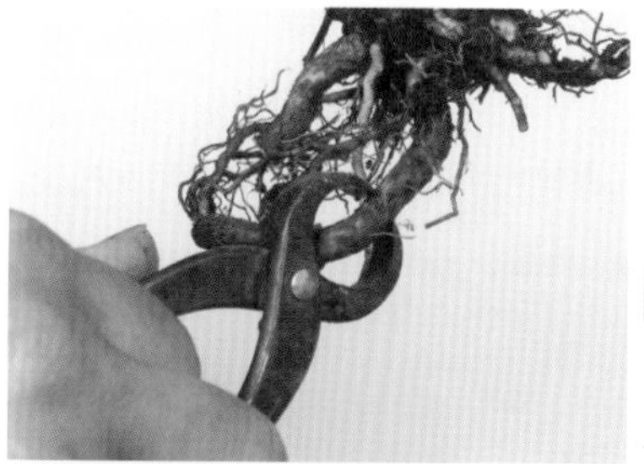

3

用叉枝剪或切瘤鋏（▶ P31）將粗根剪得長一些。

4

剪下的地方用刀子斜削，這樣就不會傷到細胞，也會比較快恢復活力。

5

用金屬線將根部緊緊地固定在表土上。粗根不要埋入土中，這樣根部就會開始長出細根。

根部紊亂，故趁換盆這個機會剔葉，只留下枝梢的新芽。

換盆完畢。根部切口塗上一層糊狀的癒合劑保護。因為是生長力旺盛的夏季，所以能長勢強勁地恢復活力。

垂絲衛矛

與日本衛矛（→P172）以及衛矛（→P194）同爲衛矛科落葉小喬木，分布於日本各地、朝鮮半島與中國溫帶地區。在山林與雜木林中很普遍，紅葉與美麗果實亦十分醒目。

果實顏色鮮紅。朱紅色的果實是從果皮長長地垂掛在上。衛矛屬樹木的果實每一種都獨具特色，其魅力讓人難以割捨。

另一方面，垂絲衛矛的枝條容易變得鬆散，下枝容易掉落，這點性質也與衛矛屬其他樹木相同。加上枝幹木質堅硬，想要塑造成模樣木這個樹形難度很高，屬於不易「固定樹形」的種類。

樹勢強健，塑造成文人木或半懸崖等風情悠哉的樹形，就能盡情享受到秋季的情趣韻味。

◀上下 21cm／左右 32cm

日名	ツリバナ、ツリバナマユミ
英名	Korean spindle tree, Japanese spindle tree
學名	*Euonymus oxyphyllus*
分類	衛矛科 衛矛屬
樹形	模樣木、集體種植、半懸崖、露根

培植月曆

月份	換盆	剪枝	肥料
1月			
2月		剪枝	
3月	換盆	剪枝	
4月		剪枝	
5月			
6月			
7月			
8月		剪枝	肥料
9月		剪枝	肥料
10月			肥料
11月		剪枝	肥料
12月			

※斟酌情況纏線、拆線

日常管理的「訣竅」

放置場所
本為在日陰處成長的樹木，但為了塑造盆栽樹形，置於日照充足的地方使其成長亦可。

澆水
成長期要注意，盡量避免過於潮濕。盆缽表土變乾時就要澆上大量的水，直到水從盆眼滴落為止。

肥料
春季吐芽前與夏季過後要充分置肥。至於夏季期間可視情況以液肥替代水。

換盆
根部生長旺盛，只要勤於換盆，修剪根部，就能抑制枝條過於鬆散。可以的話，盡量1年換盆一次。

病蟲害
新芽吐出時除了蚜蟲，介殼蟲也很容易棲息在枝幹上，導致黑斑病，故要趁早防除。此外還要定期噴灑殺菌劑以預防病害。

創作—纏線

垂絲衛矛的枝條堅硬，一旦樹皮長出，就算纏線，過了一段時間還是不會有什麼效果，拆線後過沒多久就會恢復原狀。

想要塑造樹形，就必須趁枝條尚幼嫩且還是綠色時慢慢纏線。

當可塑造成漂亮樹形的地方開始吐芽伸展時就要趁早纏線彎曲，並且配合枝條的生長情況重複纏線拆線，好讓主幹線條彎曲。

1 可塑形的地方若長出枝條，就要趁葉梗尚綠時從枝根纏線。

2 枝梢柔嫩的部分用鉗子慢慢纏繞。

3 纏好線後沿著構想，雙手細心地彎曲金屬線。

盆栽小知識

垂絲衛矛果實的紅色果皮色彩在衛矛屬中算濃厚，而且會裂成五瓣。圓滾滾的果實在裂開前就像針墊般小巧可愛。不管是果皮還是果實均十分醒目，對於鳥兒來說更是迷人，因此必須做好預防鳥害的措施。

BEFORE

慢慢地彎曲插枝，塑造出半懸崖景致的樹木。

AFTER

此處纏線的目的是為了塑造出不等邊三角形的頂點。

可欣賞到果實與微微泛紅葉片的秋姿。金屬線要視枝條生長的情況更換。

南蛇藤

分布於日本、朝鮮半島與千島群島，常見於山地間的藤蔓性落葉樹。黃色果皮破裂後可看到紅色果實，圓滾滾的模樣十分可愛；冬季就算枝條枯萎，果實也不會掉落，經常用來裝飾花材或聖誕樹。

作爲盆栽，晚秋時分可欣賞果實風韻與野趣，不過變種的東南南蛇藤爲葉片充滿光澤的半常綠性，在暖地不會落葉，加上生長旺盛，適合用來塑造樹形。

屬雌雄異株，雄株並不結果。花朵雄蕊退化的是雌株，但也有花朵的雄蕊沒有退化的雌株，這樣的樹木單株就可結果。不管雌雄，秋季的黃～橙色紅葉都讓人讚嘆不已。南蛇藤樹勢很強健，光是伏根與播種這兩種方式就足以繁殖，所以能輕鬆地混合雌雄，享受栽種的樂趣。

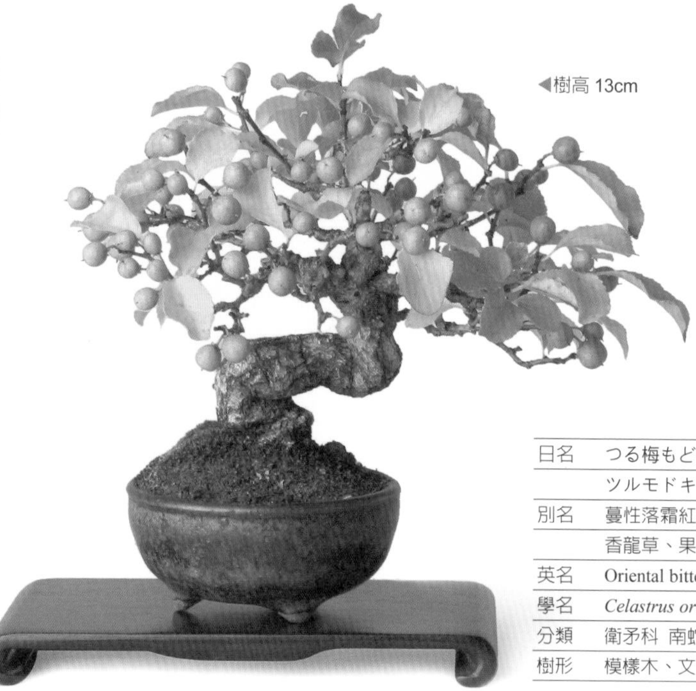

培植月曆

月	換盆	剪枝	伏根／肥料
1月			
2月	換盆	剪枝	伏根
3月	換盆	剪枝	伏根／肥料
4月			肥料
5月			
6月			
7月			
8月			
9月			肥料
10月		剪枝	肥料
11月		剪枝	肥料
12月			

※視情況摘芽

◀樹高 13cm

日名	つる梅もどき（ツルウメモドキ）、ツルモドキ
別名	蔓性落霜紅、南蛇風、大南蛇、香龍草、果山藤
英名	Oriental bittersweet, Asian bittersweet
學名	*Celastrus orbiculatus*
分類	衛矛科 南蛇藤屬
樹形	模樣木、文人木、半懸崖、連根

日常管理的「訣竅」

放置場所

喜日照，結果的話最好置於半日陰處管理，盡量避免葉片受到傷害。樹勢衰退時也要置於半日陰處養生。

澆水

多澆水並且排水佳的話可茁壯成長，可是一旦缺水，葉片就會頓時受到損傷。無法多次澆水的話，就置於半日陰處，並且避免日光直射。

肥料

以觀賞果實為目標的那一年先施肥至5月上旬，到了9月再重新施肥。想要塑造樹形的那一年平均每個月要置肥一次，直到葉片凋落為止。

換盆

每年都要換盆，整理根系，但若是以展示為目的的話，配盆前要先培養2年再換盆，如此一來就能長出美麗的花芽。

病蟲害

經常引來蚜蟲與二斑葉蟎，故在吐芽前必須噴灑殺菌除蟲劑以預防與驅逐。

培養—實生苗（樹苗）曲付

播種培植時要在秋季採取種子並冷藏保存，等到隔年春季再來播種。塑造基幹時要等實生苗筆直長到某個程度後再來進行，而其中一個方法就是曲付，也就是讓這些苗木的主幹線條彎曲。

蓋網，就是將防護網蓋在尚十分柔嫩的苗芽上。這個方法可讓實生苗在不算人爲，而且很接近大自然環境下彎曲。

播種後，發芽的苗木雄株與雌株的數量差不多各占一半。

BEFORE

前年秋季採取的種子在春季播種、發芽的實生苗。每一株都朝著陽光，筆直伸展。

AFTER

蓋上網子，到夏季這段期間每隔 1 週到 10 天就會重新蓋上網子的苗木。每一株彎曲的模樣都不同，而且還有方向性。

1 驅鳥用的防護網蓋在樹苗上。要挑選不會遮蔽光線、顏色明亮的網子。

2 從容易蓋上網子的方向隨意地纏繞金屬線。大致纏繞即可，這樣比較不會傷到苗木。

3 與剛才纏繞的金屬線呈垂直方向再纏繞一次。一邊直接澆水，一邊放置 1 週至 10 天。

4 重新蓋上網子數次後底下的樹苗生長模樣。許多苗木彎曲的姿態都不一樣。

山鶯藤

分布於北海道南部至九州的落葉灌木，山鶯神樂的變種，葉片與葉梗幾乎沒有纖毛。

作爲盆栽，與山鶯藤算是近緣種的瓢簞木亦常培植盆中。這兩種樹皮很容易剝落。樹皮剝落後裸露的白色幹肌完美地襯托出果實的豔紅色彩。

這兩種植物很類似。山鶯藤的果實香甜美味，但瓢簞木的果實卻有毒性。想要區分，最確實的方法就是剪下枝條。中心空洞（中空）就是瓢簞木。

山鶯藤不耐高溫多濕，即便在暖地，夏季依舊會落葉。葉片掉落的樹木到了秋季會吐出新芽，並在冬季展開葉片。耐寒，故夏季會落葉的樹木入秋後就可換盆了。

培植月曆

1月	2月	3月	4月	5月	6月	7月	8月	9月	10月	11月	12月
換盆	換盆	換盆	換盆							換盆	換盆
	剪枝	剪枝		壓條	壓條				剪枝	剪枝	
肥料	肥料	肥料	肥料				肥料	肥料	肥料	肥料	

※斟酌情況纏線・拆線

▶上下 7cm／左右 12cm

日名	ウグイスカグラ、ウグイスノキ
別名	鶯神樂
英名	Slenderstalk honeysuckle
學名	*Lonicera gracilipes* var. *glabra*
分類	忍冬科 忍冬屬
樹形	模樣木、斜幹、雙幹、株立、連根、半懸崖

日常管理的「訣竅」

放置場所
不耐炎熱與潮濕，置於通風佳、易排水的地方會長得比較好。冬季不特別照料的話反而更有活力。

澆水
水要多澆，但排水也要好，這點很重要。尤其是夏天要把水從上方整個淋在樹上，消除暑氣。

肥料
通常在2～10月這段期間施肥，但如此一來夏季會落葉的樹木根部容易受損，加上秋季會長出細根，故從10月中旬到冬季這段期間也要持續施肥。2～4月這段活動期間要多施肥，結果後即可停止。

換盆
可根據環境改變換盆時期。通常是在春季，但夏季會落葉的樹木則是要入秋後再換盆。

病蟲害
要小心防除會在葉片上如同畫畫般留下痕跡的斑潛蠅，以及躲藏在樹皮與幹條縫隙指尖的介殼蟲。

創作－利用徒長枝

不管預想的樹形有多理想，樹木畢竟是生物，未必會在希望的地方長出枝條。

就算沒有如願，進行剔葉或摘芽時若出現「可能性」的芽時，不如使其徒長，嘗試規模略大的樹形，也不失為是一種擴大可能性的方法之一。這是習慣基本修剪手法後的中級作業。

1 一邊考量拉起粗枝時所需的力道，一邊試著用較粗的金屬線纏繞。

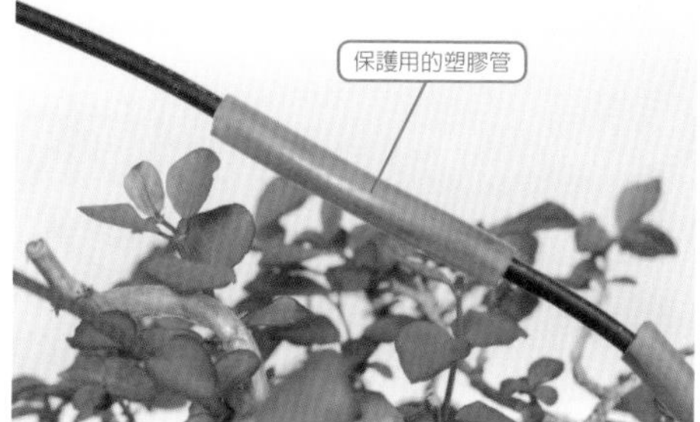

2 決定好纏繞的方式後粗金屬線要穿過保護用的塑膠管，以免傷到幹條。

3 金屬線插入缽土中，纏繞時塑膠管錯開幹條，慢慢地拉起枝條，加以支撐。

4 整個拉起枝條，將細金屬線纏到枝梢後，再彎曲成喜歡的形狀。

BEFORE

所有的芽都摘除後，樹形頭部快要吐出的芽梢沒有摘除，使其伸展的樹木。

AFTER

連同已經吐出芽，原為粗枝的部分一起纏上金屬線，整個拉高，並且修剪新梢，將其塑整成曲幹。

日本南五味子

分布日本關東以西到北陸以南、台灣、朝鮮半島的藤蔓性常綠灌木。在山野間常纏繞在雜木類樹木上。類似和果子中的「鹿子（かのこ）」以及釋迦頭的果實光亮，外型惹人憐愛，作為盆栽亦深受人們喜愛。

樹葉黏滑，從前的人會將樹皮浸泡在水中，做成髮油，故名「美男葛」。

通常為雌雄異株，亦有雄花與雌花同時存在的單株。不管如何，想要長出形狀漂亮的果實，不妨採用人工授粉（→P185「盆栽小知識」）。多施肥可延長開花期，因此從初夏到秋季這段期間是施肥的最佳時機。

果實顏色基本上為紅色，但色調與色差的差異範圍很廣泛，葉片的鋸齒形狀展現的寬度亦不同，堪稱欣賞樂趣多的樹種。

培植月曆

月	換盆	剪枝	肥料
1月			
2月			
3月	換盆		
4月			肥料
5月			肥料
6月			肥料
7月			肥料
8月		剪枝	肥料
9月			肥料
10月		剪枝	肥料
11月		剪枝	肥料
12月			

※斟酌情況纏線・拆線

◀上下 22cm／左右 23cm

日名	美男葛（ビナンカズラ）、サネカズラ、サナカズラ
別名	南五味子、紅骨蛇、美南葛
英名	Kadsura vine
學名	*Kadsura japonica*
分類	五味子科 南五味子屬
樹形	模樣木、斜幹、懸崖、半懸崖、石附

日常管理的「訣竅」

放置場所
置於日陰或半日陰處固然沒問題，不過放在日照充足、通風佳的地方培養枝條比較不會鬆散。

澆水
喜水。盆缽的表土一旦乾燥，就要澆水澆至水從盆眼滴落為止。

肥料
只要一吐出花芽，到秋季為止就要不斷地多施一些肥料，讓花朵盛開。藤蔓也會伸展，但留下芽，適度修剪成短枝的話也會結果。只要多肥栽培，不管是裁剪或伸展均運用自如，樹形也會變得更容易塑造。

換盆
每隔1～2年在3月換盆一次。想要開花的幼木可在6月換盆。插枝的話，若是舊枝可在3～4月，新梢可在6月進行。

病蟲害
並不會遭受到特別的果害，算是容易培養的樹種。

正因為藤蔓性樹木沒有自然狀態的樹形，栽種在盆栽中的話就能塑造出各種樹形。只要重複讓枝條伸展、修剪，就能使幹條與枝條慢慢變粗，之後再藉由剪枝纏線等方式來塑造樹形。

讓枝條與幹條長粗的重點在於葉片的數量。只要掌握葉片吸收的營養分量，而不是藉由讓枝條伸展使其變粗，就能更有效率地修剪枝條。

1 藤枝相當強韌，因此要用較粗的金屬線，纏繞時還要避開葉片與芽。

2 粗枝從幹條開始纏上 2～3 條金屬線，細枝從枝根開始纏線，依情況調整纏法。

3 纏好線的模樣。每一根都要仔細地彎曲塑形。

插枝第 2 年的苗木。目前還是任由樹木自由伸展的狀態。

大致推測株立樹形的模樣來纏線。根據生長情況一邊保持葉數，一邊不斷剪枝。

盆栽小知識

日本南五味子的雄花與雌花可從花芯來判斷。綠色的是雌花，紅色的是雄花。人工授粉時可用柔軟的毛筆或棉花棒將紅色雄蕊的白色部分沾在雌花的黃色部分上。開花時間為早上，因此要在上午 10 點以前進行。

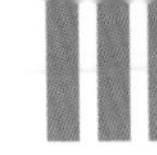

落霜紅

盆栽當中有好幾種可觀賞到紅色果實的樹木。當中榮登王座的，就是落霜紅。屬雌雄同株，但一株雄株就算配上十盆雌株，依舊果實纍纍。爲冬青屬中罕見的落葉木，優點就是落葉後冬天的果實格外醒目。

自然突變種多，像是黃色果實的黃果落霜紅、白色果實的白果落霜紅，以及枝葉、果實與花朵都十分嬌小的矮性種胡椒梅，每一種都深受人們喜愛。另外，選拔園藝品種當中還有果實碩大的「大納言」、白色果實的「初雪」、果實白橙兩色交雜的「七寶」，以及紅色果實帶有條紋模樣的「源平」。

除了可從秋季欣賞到隔年的果實，樹齡愈高，修整的枝條就會愈細，不斷增加樹形風格，這正是盆栽最大的魅力。

培植月曆

1月	
2月	換盆、剪枝
3月	換盆、剪枝、肥料
4月	剪枝、肥料
5月	插枝
6月	插枝
7月	
8月	
9月	剪枝、肥料
10月	剪枝、肥料
11月	剪枝
12月	

◀樹高 17cm

日名	梅もどき（ウメモドキ）、オオバウメモドキ
別名	硬毛冬青
英名	Japanese winterberry
學名	*Ilex serrata*
分類	冬青科 冬青屬
樹形	模樣木、雙幹、三幹、株立、集合種植

日常管理的「訣竅」

放置場所
初春放置在日照充足的地方培養的話可讓樹形更加密實。雨季放置在屋簷底下管理的話會比較容易結果。

澆水
根部細，而且密布於接近表土處，要注意勿過於乾燥。開花時期可採用將盆缽整個浸泡在水中這個方式灌溉，這樣比較容易結果。

肥料
想要結果的樹要酌量施肥。春季置肥，結果後再改為一般肥料。不想要結果時在夏季施液肥即可。

換盆
根部生長旺盛，但不會向下伸展，故要每年換盆一次。

病蟲害
除了防除蚜蟲與白粉病，冬季要在枝幹上塗抹殺菌除蟲劑以預防介殼蟲。

培養—換盆．配盆

落霜紅原本就是自生於潮濕的日陰或半日陰處的樹木。因無直根，加上短根分布在靠近地表處，容易傾倒，爲此根部生長旺盛，經常吐出根蘗（從根部吐出的芽）。

另外，只要缺水一次，根部就幾乎會受到損傷，必須重新發根，故該年至明年往往不會結果。

記住這樣的特質培養時，不能忘記每年都要換盆。旺盛伸展的細根每次換盆就要修剪三分之一至二分之一。這也是觀察根部健康狀況的最佳時機。

換盆也是配盆的機會。因屬淺根，培養在深缽的話排水佳，可生長地更加旺盛，不過培養在淺缽中也十分容易管理。

隨著樹格的提升換盆還可深深地體會到箇中風韻。

1 從盆缽中拉出後鬆土，配合下一個盆缽大致整理根系，將球根修剪至原本的二分之一。

培養在較大盆缽中的樹木。

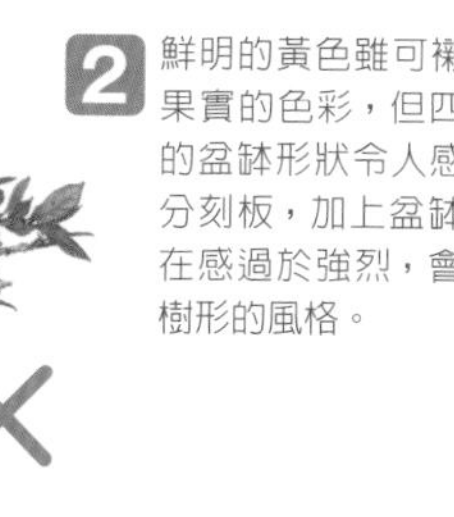

2 鮮明的黃色雖可襯托出果實的色彩，但四角形的盆缽形狀令人感覺十分刻板，加上盆缽的存在感過於強烈，會抹煞樹形的風格。

3 焦糖色的盆缽底部寬，讓整個樹形看起來十分壯觀，而且還能強調枝條優美的動線，散發出一股舒適幽靜的氣氛，故這次選擇了這個盆缽。

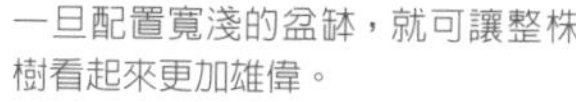

一旦配置寬淺的盆缽，就可讓整株樹看起來更加雄偉。

創造—摘芽・剪枝

葉片展開時要摘下枝梢的芽，落葉後再來剪枝。只要不斷重複這兩個步驟，就能修剪出更細的枝條。

即使是較短的新梢也會開花，因此枝條不需剪得太短。裁剪時只要留下2～3個芽，這樣前年結果的地方也會吐出葉芽。

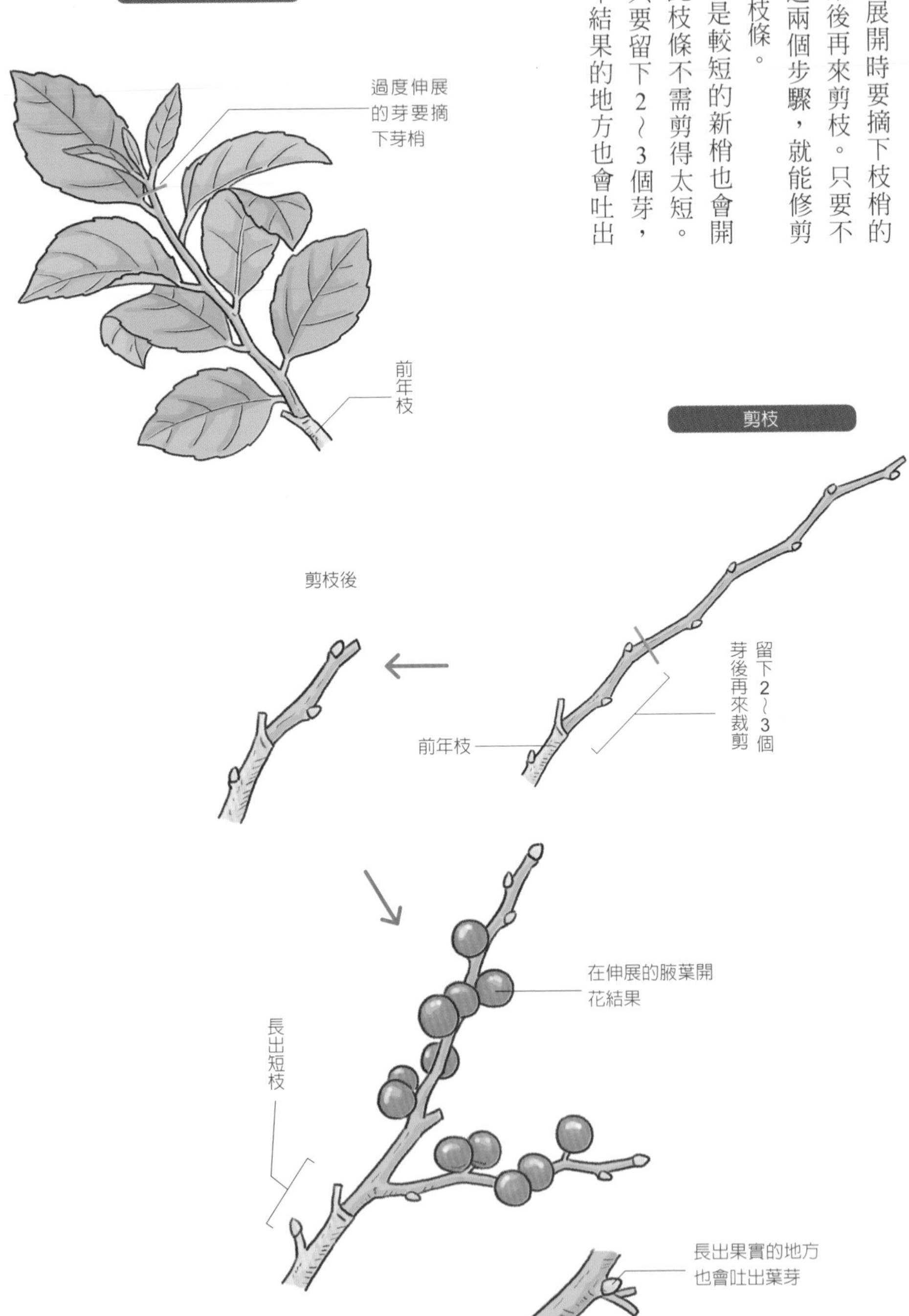

範例 — ❶ 插枝培育、果實小巧的園藝品種「茜」。利用從根部整個朝左流動的第一要枝與頭部構成的穩定三角形塑造出半懸崖樹形。雖位幼木，但果實豐盛，可望修剪出細膩枝條的樹木。

樹高 17cm ▶

◀樹高 18cm

範例 — ❷

播種經過 2～3 年長出樹幹，以欣賞果實為目標的幼木。塑造的是呈現 S 字的模樣木，讓人不禁期待今後發展的樹形。

西府海棠

盆栽名爲「西府海棠」的觀賞類蘋果並非只有一種，而是由好幾種原種與自然交配種的總稱。這當中最多的，應該是花朵與果實均美不勝收的海棠。果實比海棠小的西府海棠與野海棠也是大家熟悉的果實植物，而海棠與西府海棠的黃色果實品種更是熱門。

海棠擁有在同種間不結果的自交不親和性特質，故必須與其他種的觀賞蘋果一起培養。

作爲花朵植物觀賞的還有花朵爲深桃色、嬌豔動人的垂絲海棠，但長出來的果實並不大。朝上開花、與垂絲海棠的花朵一樣美麗的圓葉海棠長出的橢圓形果實更是獨樹一格。

不管是哪一種海棠都十分強健，經常使用插枝或伏根等方式繁殖，算是從幼木階段就很容易塑造樹形的樹種。

培植月曆

1月			
2月		剪枝	
3月	換盆	剪枝	伏根
4月	換盆	剪枝	
5月			
6月			
7月			
8月			
9月		剪枝	肥料
10月		剪枝	肥料
11月		剪枝	肥料
12月			

◀樹高 9cm

日名	深山海棠（ミヤマカイドウ）、カイドウ、ミカイドウ、ナガサキリンゴ
別名	海紅、小果海棠、子母海棠
英名	Kaido crab apple
學名	*Malus micromalus*
分類	薔薇科 蘋果屬
樹形	模樣木、斜幹、懸崖、半懸崖

日常管理的「訣竅」

放置場所
初春趁早置於戶外，吐芽時只要照在陽光底下，葉片就會變小，之後管理起來就會輕鬆許多。冬季要放在無加溫的室內管理。

澆水
缽土表面變乾時要澆上大量的水，要注意的是葉片較大的話會很容易缺水。

肥料
初春施肥時分量少一點的話葉片會變小。想要讓樹木更有活力時，從春季開始除了開花期，每個月都要置肥一次。葉片過多時，就利用剔葉這個手法來調整。

換盆
要在根系纏繞，排水變差前換盆。每2年換盆一次即可。

病蟲害
雖能對抗病蟲害，但還是需要防除蚜蟲與介殼蟲，並且注意根頭癌腫病。

容易從根長出蘖的樹種可利用伏根這個方式來增加數量。只要在盆栽中培養，長根就會在盆缽中彎成各種不同的形狀，利用這些曲幹也算是一種不錯的手法。

當中以深山海棠利用插枝或播種方式培植的話，到開花爲止需要一段時間，不妨利用嫁接這個手法，如此一來就可趁早欣賞到花，或是利用伏根這個方式來塑造樹形。

不過市面上販售的垂絲海棠通常都是嫁接苗木；伏根的話以能當作砧木的西府海棠與海棠居多。想要利用相同品種來繁殖的話，會建議使用插枝這個方式。

伏根時根條若顛倒是永遠不會吐芽的，因此要注意，不要弄錯根的上下方。

1 從盆缽拉出的母株。粗根若像這樣纏繞的話，就代表這是伏根的最佳素材。

2 用剪刀大致剪開，這個作業可趁母株換盆時進行。

POINT
根系一旦乾燥，就會損傷枯竭。因此肢解的根要用濕毛巾包起來，以預防乾燥。

3 母株留下三分之一，其餘的根團整個拆下。這時先進行母株的換盆作業。

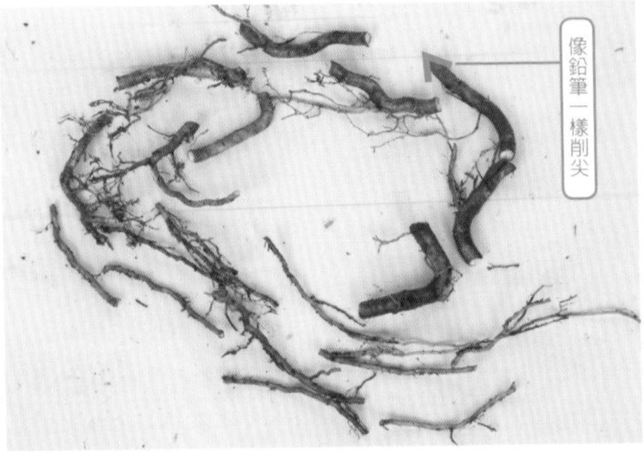

像鉛筆一樣削尖

4 挑選彎曲形狀有趣的部分。即使是細根也能當作伏根。沒有細根的粗根就將尾端削成跟鉛筆一樣的形狀後再插入土中。

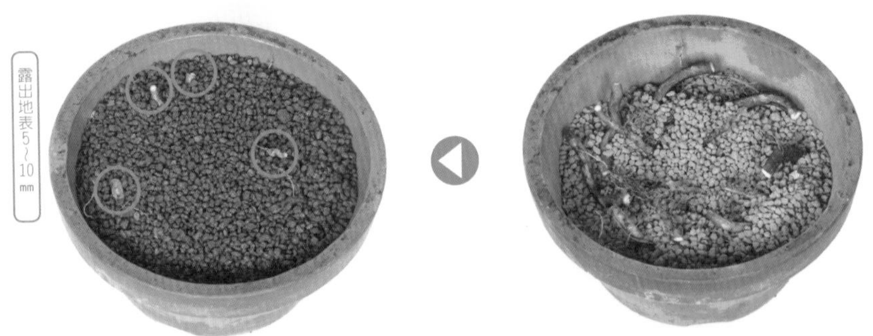

5 將乾淨的用土倒入盆缽中，插入根系，使其露出地表5～10mm；蓋上用土，覆蓋一層水苔預防乾燥，直到吐芽。

範例 — ❶ 幹模樣十分有趣而且帶有果實，打枝方式相當漂亮的半懸崖樹形。整體呈現均衡而且穩定的不等邊三角形，算是一件打動人心、能盡賞西府海棠魅力的作品。

範例 — ❷
以較長的果實形狀為特色的海棠Ｘ姬蘋果的園藝品種「姬美好」。從基幹發展出稍微彎曲的動線讓整體看起來很協調。搭配的藍花盆缽更是絕配。

範例 — ❸
與上方的範例相比，果實的生長模樣與枝條的伸展方式截然不同，以半懸崖樹形呈現的姬蘋果。以相同樹種來講，此處的姬蘋果枝條分明均衡，堪稱佳作。

衛矛

秋季走在日本各地的山野之中，就會被鮮豔的紅葉吸引視線的樹木。紅葉之美，可比擬七竈（合花楸）與木蠟樹（→P122）。

衛矛的枝條通常會長出如同箭尾羽毛的翅狀物。沒有長出翼葉的類型被視爲突變種，並以小眞弓爲名。命名方式雖稍嫌紊亂，但性質與衛矛幾乎沒有兩樣。此外還有居於中間、葉片較少的樹木。

不管是哪一種，枝條都相當有彈性，就算長粗，依舊不易斷裂。這樣的特性適合栽種於盆栽之中，纏線時很好處理，而且還能塑造出各種的樹形。

到了晚秋，朱橙色果實的果皮就像展翅般彈開，十分醒目。屬雌雄同株，只要一株就能果實纍纍。

培植月曆

1月	
2月	換盆、剪枝
3月	換盆、剪枝
4月	
5月	插枝、肥料、纏線
6月	插枝、剪枝、肥料、纏線
7月	插枝
8月	肥料、拆線
9月	肥料、拆線
10月	剪枝、拆線
11月	剪枝
12月	

◀樹高 16cm

日名	錦木（ニシキギ）、ヤハズニシキギ
英名	Burning bush
學名	*Euonymus alatus*
分類	衛矛科 衛矛屬
樹形	模樣木、雙幹、筏生、半懸崖、石附、株立

日常管理的「訣竅」

放置場所
置於日照充足的地方培養，紅葉會愈顯鮮豔，但西晒的話卻會造成葉燒，故管理時炎夏要遮陽，冬季要避霜。

澆水
盆鉢表土乾燥時要澆上大量的水，但要充分排水，以免過於潮濕。

肥料
肥料酌量的話長出的紅葉會比較美麗，故到了9月就要改為置肥，不需再施肥。夏天視情況給予液肥，以替代水。

換盆
根部生長旺盛，每年要換盆一次。細根密集，整理時必須疏開，並且將長根剪短。

病蟲害
要趁早噴灑除蟲劑，以防除會侵襲新芽的蚜蟲與附著在幹條上的介殼蟲。

不管是衛矛還是小真弓，一旦培植在小盆缽中，無論是枝條還是葉片，伸展的枝梢都會變得容易衰弱（衛矛的翼葉就是爲了保護長勢弱的枝條，若是舊枝的話會自然剝落）。

纏線彎曲的枝條反而比筆直伸展時還要有活力。加上枝條強韌，不易折斷，故可稍微緊緊纏繞，大膽彎曲枝幹。

首先每一根枝條都要呈放射狀攤開，好讓所有枝條均等受到日照，以免因爲枝葉重疊產生的樹蔭讓下枝變得衰弱，甚至是變成徒長枝。

這時要剪除多餘的枝葉，隨著構想的樹形彎曲枝幹。不單單是爲了塑形，謀求均衡的營養狀態才是整姿的重要目的。

爲了確保輸送營養的管道順暢無阻，幹條都要均衡地充滿力量。

1

配盆後培養中的小真弓。伸展的枝梢葉片看似衰弱。加上葉片過於集中在中心，使得下枝也出現徒長氣味。

每根枝條都纏上金屬線

枝根

2

從粗枝將整體纏好線的狀態。位在樹蔭處及為了謀求陽光而彎曲的枝條重新調整方向。重點在於開始纏線的枝根必須充分彎曲。

3
決定好每一根枝條的方向，使其呈放射狀擴展開來。這個階段尚未剪枝。

4 將充滿徒長氣味的枝條彎曲，當作第一要枝；決定好頭與第二要枝之後，再剪除突出不等邊三角形的部分。

從正上方看

從正上方可看出枝葉擴展的模樣十分均勻。

◀樹高 9cm

盆栽小知識

剪枝適合在 2～3 月的休眠期與枝條伸展的 6 月進行。留下 2～3 個芽再來裁剪的話，前年枝的根部（衛矛為翼葉底下）會吐出新梢，如此一來就可增加短枝。

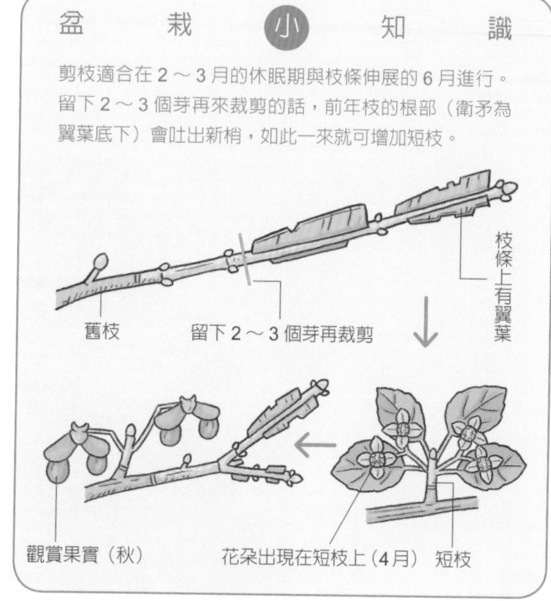

範例 ── ❶

樹根的粗細充分展現出長度，散發出完美無缺的大樹風範。受到穩健樹種的支撐，讓人很期待接下來可塑造的樹形，以及日後呈現的風景。

◀樹高 17cm

範例 ── ❷

優雅的樹姿搭配鮮豔的紅葉，形成半懸崖樹形。在接下來的季節當中會長出討人喜愛的果實，葉片也會掉落，呈現優美細膩的打枝模樣。雄偉的樹幹散發出古木風格，與搭配的盆缽更是均衡絕妙。

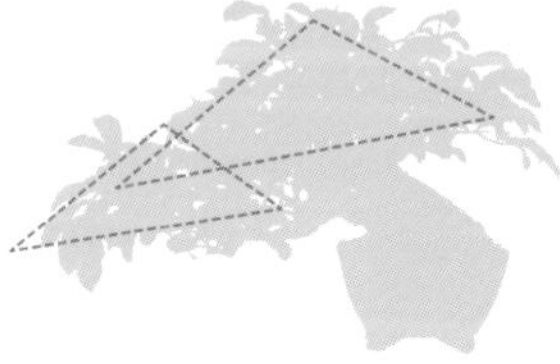

大小不同的不等邊三角形高度不一，展現出山岳的遠近感，描繪出一幅悠然的風景。

窄葉火棘

盆栽當中擁有橙黃色果實的窄葉火棘與鮮豔紅色與黃色果實的歐亞火棘統稱爲「窄葉火棘」。

不管是哪一種都十分健壯，可長期培養，但性質略有不同。窄葉火棘（橙黃果）葉片並沒有什麼光澤，打枝細緻，花芽在開花過後的6月會出現；另一方面，歐亞火棘的葉片則是充滿光澤，而且枝條筆直伸展，至於花芽則會在10月出現。

作爲盆栽最重要的，就是因爲花芽形成期不同，所以花芽較早吐出的窄葉火棘會利用剪枝讓花芽不再吐出，也就是「讓果實不容易長出」。不過樹形塑造好的窄葉火棘打枝與風格其實很漂亮，絕對有價值放棄好幾年結果的機會，專心於塑造樹形上。

◀上下 16cm／左右 20cm

培植月曆

1月	
2月	剪枝
3月	剪枝、換盆
4月	肥料
5月	肥料
6月	
7月	
8月	
9月	換盆、剪枝、肥料
10月	剪枝、肥料
11月	肥料
12月	

※斟酌情況纏線・拆線

日名	橘もどき（タチバナモドキ）、ホソバノトキワサンザシ
英名	Narrowleaf firethorn
學名	*Pyracantha angustifolia*
分類	薔薇科 火棘屬
樹形	模樣木、斜幹、文人木、半懸崖、懸崖

日常管理的「訣竅」

放置場所
可置於半日陰處，但放在日照充足的地方培養會結出更多的果實，枝條也會充分伸展。所以只要重複剪枝，就能增加細枝條。

澆水
多澆水的話，接近表土的根會伸展。缺水的話枝條反而會長出氣根，因此根部要好好澆水。

肥料
塑造樹形期間要多施肥以加強活力，增添芽數；想要結果就要從4月一點一點地持續放置磷酸含量多的置肥。

換盆
接近表層的根會不斷增加，必須勤於換盆。即使大幅修剪根系，換盆後只要立刻多澆水，就會恢復活力。

病蟲害
不需過於擔心病蟲害，結果時期要妥善防除鳥害。

培養—剔葉

想要欣賞果實，在花芽吐出的前兩個月就要盡量控制剪枝，因爲只要一剪枝，活力就會因爲新梢吐出而消耗，使得花芽沒有力氣吐出。

窄葉火棘到4月以前，歐亞火棘約在8月以前剔葉。只要剔除老葉，不要讓枝條徒長即可。

較大的老葉用剪刀從根部一片一片地剪下。

BEFORE

POINT
荊棘狀的短枝為花芽吐出的地方。這些地方的老葉也要剔除，但要留意，盡量不要剪到新芽。

AFTER

葉片愈大，從陽光吸收到的養分就愈能讓枝條伸展。為了避免徒長的枝條長勢過於強勁，因而藉由剔葉來抑制其生長，等到花芽吐出後再來修剪徒長枝。

培養—配盆

窄葉火棘（包括歐亞火棘在內）只要頻繁換盆，整理根系的話，樹形就不會紊亂，也比較好管理。

樹形形成後就可趁換盆時配盆。善用樹木展現出來的個性搭配盆缽，這才是真正的盆栽，因此不妨利用窄葉火棘這種強健的樹種來磨練配盆的品味。

1 從培養缽中拉出後，修剪布滿在表面的團根，將根系整個疏開。

2 若是以欣賞果實為目的，換盆時就不需裁剪枝條，使其伸展。除了果實色彩與幹模樣，挑選適合的盆缽時還要想像一下剪枝後的樹姿，這一點很重要。

3 搭配能舒適欣賞幹模樣的盆缽，確認花芽吐出後再來裁剪徒長枝。將彎曲的曲幹整個襯托出來。

◀樹高 18cm

範例 — ❶

歐亞火棘屬雖屬常綠木，但若是窄葉火棘，剔葉後反而能展現出落葉後的寒樹情趣。細膩的打枝模樣精湛美麗，雙幹樹形姿態均衡，堪稱絕妙的逸品。

樹高 20cm ▶

範例 — ❷

橙黃色的果實均勻點綴、採用株立樹形的窄葉火棘。鮮豔的果實顏色襯托出翠綠的樹葉，展現出美麗的姿態。透露出歲月的基幹顏色固然明亮，卻瀰漫著一股沉穩的氣息，展現出代表燦爛秋色的對比色彩。

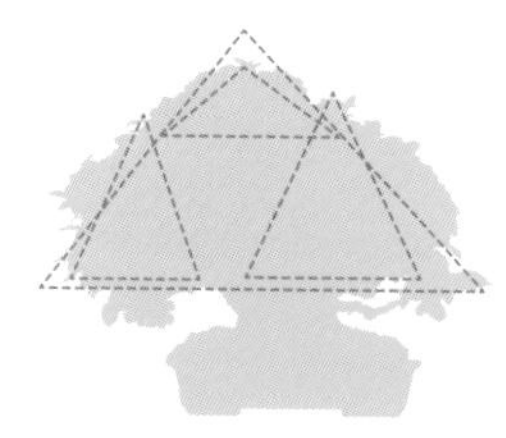

頭部曲線圓滑的三角形齊聚一堂，描繪出一個大大的不等邊三角形，充分展現出安定感。

山橘

柑橘類的盆栽當中最受歡迎的樹種。嚴冬中色彩明亮的果實讓人愛之有加，清楚地襯托出充滿光澤的綠葉。幹肌容易展現古木感，可欣賞到風格洋溢的樹形。

另一方面，有人認爲山橘不容易栽培，但只要熟悉性質，反而會變成容易栽培的樹種。

亦有人說山橘不耐寒，其實不然。只是冬季必須多多灌溉，這一點與其他樹種略有不同。愈熟悉盆栽的人，冬季往往會盡量控制澆水，但土壤凍結的話，水反而不容易到達根部，這就是培植失敗的原因。

對於環境的適應力雖高，卻無法承受急遽的變化；只要不頻繁更換環境，就算放在屋簷底下，依舊能茁壯成長。

培植月曆

月份	1月	2月	3月	4月	5月	6月	7月	8月	9月	10月	11月	12月
換盆			換盆	換盆								
剪枝			剪枝	剪枝	剪枝	剪枝	剪枝					
肥料			肥料	肥料	肥料	肥料	肥料	肥料	肥料	肥料		

※斟酌情況纏線・拆線

◀樹高 12cm

日名	キンズ、マメキンカン、ヒメキンカン、ヤマキンカン
別名	金豆、山金豆、香港金橘
英名	Hong Kong kumquat, wild kumquat
學名	*Fortunella hindsii*
分類	芸香科 金橘屬
樹形	模樣木、單幹、雙幹、半懸崖、露根

日常管理的「訣竅」

放置場所
放在日照充足的地方就一直放在日照下，放在半日陰處的話就一直放在原處，只要一直放在同一個地方，久了就會順應環境，適應自然季節變化的能力很強。

澆水
喜多水。冬季缺水的話會頓時衰弱，要小心留意。

肥料
與水一樣，喜多肥。肥料不足的話枝葉會枯萎，因此要觀察葉片與芽的長勢，根據情況調整分量。

換盆
換盆最好隔段時間，根據環境以2～4年換盆一次為標準。根系纏繞的話會失去活力，因此換盆前後要留意。

病蟲害
有種類似蜂、名為咖啡透翅天蛾的幼蟲會啃噬葉片，此外天牛還會棲息於上，因此要定期防除。

培養—纏線

山橘若置之不理，枝條會朝上伸展。不僅如此，枝條一旦長粗，沒多久就會變硬，無法彎曲，故當新芽吐出時，就要趁早纏線彎曲枝條，塑造出橫向伸展的形狀。

纏線時以幹條爲中心，讓枝條呈放射狀伸展，遮陽就可均勻受到日照，培養出活力充沛的樹木。

新梢尚柔軟，要用細的金屬線慢慢纏繞。

纏線的重點

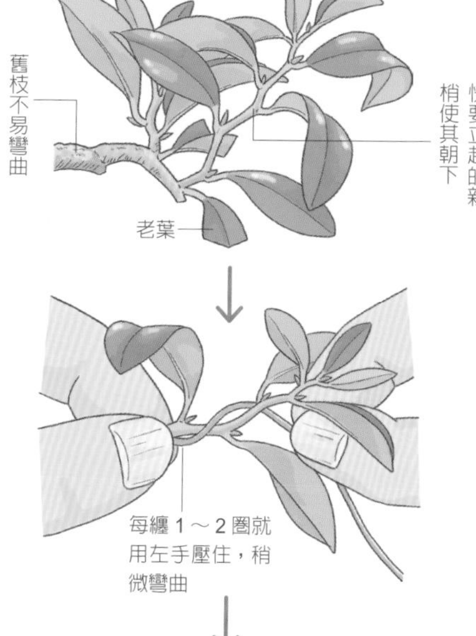

所有新梢纏上金屬線，方向固定，讓每根枝條都呈放射狀伸展開來。之後再視情況一邊修剪徒長枝，一邊定枝。

與其他樹種相比，山橘吐芽時期較晚，有時甚至要等到 5、6 月。但新芽若遲遲沒有動靜的話，可利用剔葉的方式催促吐芽。此時要一片一片地從葉梗中間剪下葉片。

快要徒長的枝條變得十分醒目，葉片過於密集，使得新芽不容易吐出。

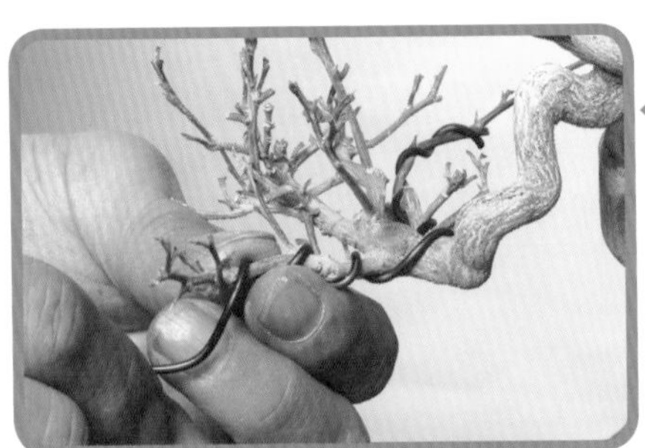

大致修剪立枝與徒長的部分，金屬線向下纏繞，讓枝條往下伏。變粗的枝條不容易彎曲，必須改用較粗的金屬線，慢慢施力纏繞，以改變整個枝條的方向。

剔葉後會更容易看出立枝。剪除不要的枝條，纏上較粗的金屬線使其往下伏。

最後剪枝時留下 1～2 個芽。只要給予這樣的刺激，芽就會從休眠中覺醒，開始吐露，就連新梢也會增加。新梢伸展後只要繼續纏線，就可慢慢塑整樹形。

枝條下伏，剪除多餘的枝梢，整頓形狀。過沒多久新芽就會紛紛吐出。

抱樹蕨 | 虎耳草 | 頭花蓼 | 大文字草 | 銀霧 | 石菖蒲

抱樹蕨

根莖伸展、分歧攤開的模樣類似地錦，附生在關東以西岩場與樹幹上的常綠蕨類植物。

直徑5～10㎜的圓形與心形營養葉光澤亮麗，有時也會出現在林道旁。在園藝中常用來作爲地被植物。孢子葉細長扁平，每到5～6月就會豎立。冬季要留意，別讓植物凍傷。

照片中爲近年來在紀州發現的「獅子葉抱樹蕨」。這個突變種營養葉的前端分岔，獨特的形狀深受人們喜愛。雖是直徑只有4㎝的袖珍盆鉢，但這樣的迷你盆栽基本上就算是突變種也能充滿活力地培養。

可貼附少許在洗根樹形或集合種植的草物縫隙之間，就連展現出自生於岩場、氣氛自然的石附樹形也能細細品味。不管採用什麼樣的方式培養，展現的魅力都會讓人印象深刻。

比小指玲瓏
充滿光澤的葉片嬌豔無比
不管是袖珍盆栽還是苔球
無人能抗拒其美麗

◀鉢徑 4cm

日名	マメヅタ、豆つた、マメゴケ、マメシダ、イワマメ
別名	伏石蕨、石瓜子、鏡面草、螺厴草、豆片草、飛蓮草、抱樹蓮
英名	Green penny fern
學名	*Lemmaphyllum microphyllum*
分類	水龍骨科 伏石蕨屬
樹形	單植、石附、集合種植

日常管理的「訣竅」

放置場所
置於日照充足的地方會更有活力。營養葉葉片厚實，可儲存水分，但要留意整體勿過於乾燥。

澆水
根部稱為「假根」，只能支撐，無法吸水。整株草會吸收水分，最適合用噴霧的方式澆水。過於潮濕的話葉片會變軟且衰弱。

肥料
不需施肥，只要在水裡混入少量液肥噴灑即可。

換盆
長出假根的梗切除後，只要貼在土上就會附生。附著在石頭上時要先塗上一層泥炭土，並且用繩子纏繞一段時間。

病蟲害
因為過於潮濕而變軟的葉片會被蛞蝓啃噬，不過充滿活力的葉片並不會遭受病蟲害。

虎耳草

在地被植物當中虎耳草只要一栽種，就算處於日陰處也會蔓延生長，活力很強健，不僅會伸展出名爲走莖（runner）的紫紅色匍匐莖，莖梢還會長出子株繁殖。葉脈模樣美麗的葉片可食用，是天婦羅熟悉的美味食材。

栽培於盆栽中十分容易，還能栽種成直徑只有1㎝的超級迷你盆栽。

5～7月會長出超過20㎝花莖，並且開出下方兩瓣花瓣較大的五瓣花。位在上方的三瓣花瓣深桃紅色的模樣展現出讓人憐愛的風情。此外還有葉片上有白覆輪斑點圖案的葉種、4～5月會開花的日本虎耳草，以及會開出淡淡桃紅色的紅花日本虎耳草。在盆栽當中算是用來點綴席間的熱門植物。

線條清晰、造型巧妙的葉脈
展現出時尚感的白色葉片
小巧的葉片作為袖珍盆栽
彷彿工藝品般精緻玲瓏

◀缽徑 3.5cm

日名	雪の下（ユキノシタ）、イワブキ、キジンソウ、イトバス
別名	石荷葉、金線吊芙蓉、老虎耳、天荷葉、金絲荷葉、絲棉吊梅
英名	Beefsteak geranium, mother-of-thousands
學名	*Saxifraga stolonifera*
分類	虎耳草科 虎耳草屬
樹形	單植、集合種植、洗根

日常管理的「訣竅」

放置場所
自生地為日陰處的濕地，若要栽種於盆栽中的話每日放置在日照充足之處數小時會更有活力，但要避免陽光直接照射。

澆水
需要多澆水。栽種於盆栽中的話缺水會變得衰弱，故夏季要多澆水；相反地，冬季過於潮濕的話反而會傷到根系，管理時要略為乾燥。

肥料
肥料要酌量，春秋兩季與開花期只要少量置肥即可。亦可用稀釋的液肥來替代水。

換盆
將走莖前端的子株移植到其他盆缽中時，只要放在土上就會長出根。若是袖珍盆栽的話根部周圍要填入排水性佳的用土，並且切除不要的走莖。花朵凋謝後母株會枯萎，但只要趁早摘下花穗與老葉，就能繼續維持下去。

病蟲害
幾乎不需要擔心。

頭花蓼

鉢徑 3cm

喜馬拉雅原產的蓼科匍匐性多年草。在日本的盆栽名為「蔓蕎麥（つるそば）」，但一般人稱其為「姬蔓蕎麥（ヒメツルソバ）」（亦有火炭母草ツルソバ這種植物，但不會特地栽種成園藝或盆栽植物）。經常攀爬蔓延，可愛的粉紅色球花搭配呈V字形排列、略帶紅色的葉片，展現出高雅的色調，是深受大家喜愛的地被植物。

長勢雖強，耐寒性卻稍弱，在日本寒冷地帶若置於戶外會無法過冬，關東以西的話則沒有問題，而且冬葉的顏色會更深濃。

在盆栽當中會採用返還切的手法一邊切除匍匐莖一邊培養，同時欣賞匍匐莖有趣的模樣。花朵會在7～11月盛開，即使到了冬季，依舊點點綻放。

日名	ツルソバ、ヒメツルソバ、カンイタドリ
別名	草石椒、粉團蓼、團花蓼、粉球蔾、石莽草、四季紅、紅酸杆
英名	Pink knotwood, Pink bubbles
學名	*Persicaria capitata*
分類	蓼科 蓼屬
樹形	單植、集合種植

日常管理的「訣竅」

放置場所
中午以前放在日照充足的地方，下午放在略微陰涼處管理的話會比較輕鬆。若一直放在日陰處的話葉色會變得黯淡，到了冬天很容易枯萎，就連花朵也會不容易盛開。

澆水
水過多的話莖節會變得鬆散。此外，不耐過濕，略為乾燥培養為佳。

肥料
肥料過多的話莖節會變得鬆散，有損風情，可用酌量的置肥或用來替代水的液肥。

換盆
夏季採擷的種子直接播種，當年秋季就可觀賞，成長速度很快。插穗或春季分株亦能繁殖。

病蟲害
新芽會招來蚜蟲，因此要與其他盆栽一起噴灑殺蟲劑以預防。

大文字草

類似虎耳草而且同屬，最大的差異在於秋季開花。花色與綻放方式的突變，以及葉片形狀變異的幅度很大，這也是大文字草的特徵。

即使只有花，類似「大」這個字的基本形狀也有各種不同的配色、有刻痕的花瓣、八重開的花瓣、滿溢綻放的多花性，變化多端。照片中是與色澤淺淡的桃花以及密葉卷柏集合種植，塑造成洗根樹形。

栽種於盆栽時會根據盆缽與草姿的大小來調整葉數，並且利用因應生長而有所不同的葉片大小配置出均衡的姿態，可說是能長年體會並且欣賞山野樂趣與風情的草本植物。

日名	ダイモンジソウ、 ミヤマダイモンジソウ、 トウホクダイモンジソウ
學名	*Saxifraga fortunei* var. *incisolobata*
分類	虎耳草科 虎耳草屬
樹形	單植、石附、集合種植、洗根

日常管理的「訣竅」

放置場所
經常放在半日陰處培養的話會比較容易吐出花芽。葉片長大後要裁剪。冬季時期地上部會凋落，但入秋後只要趁早修剪，就能長久保有葉片。

澆水
表土乾燥時要澆上大量的水，但過於潮濕的話葉數反而不會增加，因此要置於排水性佳的地方培養。

肥料
盡量不要多肥。春季與花朵凋謝後少量置肥即可。只要排水佳，就算沒有施肥，依舊可茁壯成長。

換盆
早春與花朵凋謝後可分株。種子雖多，卻不會開出與母株一樣的花朵。播種時種子不需蓋上土。

病蟲害
會遭受甘藍夜蛾幼蟲的啃噬，因此每一片葉片都要噴灑浸透性藥劑。

銀霧

從春季到夏季
銀葉輕飄柔軟
就連新芽也映照出月光的
可愛女神

如同絲綢般光澤亮麗、質地細膩的銀葉。蓬鬆柔軟的半球狀深受大家喜愛。在盆栽當中除了以單株植物的姿態欣賞半球狀的草姿，還能像照片般以集合種植的方式，享受搭配各種不同植物的樂趣。

照片中爲直徑約4cm、用指尖就可拿起的盆缽。但除了銀霧，屬於冬葉的點地梅、密葉卷柏，以及應該算是飛來種的稻科早熟禾也能展現出一個精緻巧妙的小小世界。早春時分，銀霧在老葉上就宛如花朵般吐露新芽。

留下老葉的目的是爲了讓綠草自行進行防寒對策，不過銀霧細長的莖梢纏繞著老葉的獨特冬姿，卻會散發出難以從春季至夏季的模樣想像的風韻。

集合種植時，從春季到夏季鮮明的變貌更是讓人期待萬分。

◀缽徑 4cm

日名	朝霧草（アサギリソウ）、ハクサンヨモギ
別名	南方苦艾、朝霧草、銀霧草
英名	Silvermound
學名	*Artemisia schmidtiana*
分類	菊科 艾屬
樹形	單植、集合種植

日常管理的「訣竅」

放置場所
置於日照充足的地方培養以欣賞茂密的草姿。老葉會接二連三枯萎，故新葉伸展期間必須剔除。冬季的話要留下莖梢的葉片。

澆水
表土變乾時要澆水。可用指尖觸摸，確認土壤的乾燥程度。

肥料
春秋兩季置肥，莖梢的葉片長勢弱的話用液肥替代水效果會更好。

換盆
除了在春季分株，從夏季到10月這段期間亦可插穗。只要用筷子在用土裡鑿出深5～6cm的洞，再將前端斜切的莖枝插入其中即可。

病蟲害
新芽容易受到蚜蟲侵襲。此外，過於潮濕也會造成露菌病。底部葉片因此受到損傷時只要立即除去，就能夠對抗病害。

石菖蒲

石菖蒲在小品盆栽的飾席（→P58）當中是用來展現季節感、姿態優美的劍葉類草物。只要在樹木盆栽底邊配上石菖蒲，整個風景就會變得更加遼闊。

石菖蒲的基本中雖外型略大，不過矮性種有斑點葉片的有栖川石菖蒲、葉片極細的姬石菖蒲等數種容易照料的園藝品種。另外，與石菖蒲不同科的庭菖蒲（鳶尾科庭菖蒲屬）與花石菖（百合科岩菖蒲屬）也能當作劍葉類的草物盆栽或是添配。

照片爲石菖蒲與密葉卷柏集合種植在鉢徑4cm的袖珍盆栽。這時可像這樣剔葉後調整長度，或是將所有葉片都剔除，讓長出的新葉長度一致。

即使是袖珍盆栽，依舊能展演出青翠碧綠、涼爽宜人的水畔景致宛如一幅在樹木底下叢生的草原風景

◀鉢徑 4cm

日名	石菖（セキショウ）、マメヅタ、マメゴケ、マメシダ、イワマメ
別名	九節菖蒲、細葉菖蒲、堯韭、昌陽、水劍草、石蜈蚣、香菖蒲、斑葉菖蒲
英名	Japanese sweet flag, grassy-leaved sweet f
學名	*Acorus gramineus*
分類	菖蒲科 菖蒲屬
樹形	單植、集合種植、樹下生

日常管理的「訣竅」

放置場所

置於日照充足或半日陰處會茁壯成長。中午過後放在日陰處的話姿態會更加密實。

澆水

自生於濕地，故喜水。栽種於盆栽時略為乾燥反而不會過於茂密，但表土變乾的話還是要澆水。

肥料

一邊觀察葉色，一邊調整用量。若要讓葉色稍褪，那就使用少量置肥。多肥的話整株草會變大，反而會很容易缺水。

換盆

生長速度緩慢，因此要利用分株這個方式來繁殖。庭菖蒲只要一開花，種子就會接二連三地冒出來，可以取下播種，或者是先保存，等到春季再來種植。

病蟲害

蟲會啃噬葉片，不過一般的防除方式就已經足夠。畏水苔，不建議鋪植。

如何製作苔球

這是利用青苔將洗根樹形包起來的嶄新盆栽型態。植物舒適共生的模樣優美迷人，而且還能應用在各種不同的草木上。

洗根樹形的盆栽只要長年配置，就會自然而然地長出青苔，有時甚至還會因為各種隨風飄來的植物種子吐出新芽，營造出一個數種草木共生的小小自然。

只不過培養在盆缽的盆栽採用洗根樹形的話需要花上好幾年的時間才能自立，有時還會受到環境影響，塑造的樹形反而無法讓青苔好好保護球根。

苔球起先是作爲居家裝飾用品才流行起來的，只要使用容易附生的青苔，就能大幅縮減等待的時間。

對於草木而言，這種培植方式並不會受到盆缽的限制，而且還能避免根系纏繞與過於乾燥等問題，對於培養的人來說，還能充分掌握住草木傳遞的訊息。

合歡樹

合歡樹做成的苔球。縱使落葉，翠綠的苔球依舊美麗不變。合歡樹雖不容易長出枝條，但幹條根部卻不容易變粗。等樹長高了，3 月時就可從高度恰當的枝芽上方修剪，讓葉梗從芽開始伸展開來，到了 7 ～ 8 月就可等待花朵盛開。

樹高 53cm ▶

楓樹的集合種植

將 3 株單幹的苗木聚集在一起栽種於苔球中，做成略帶曲付的盆栽形狀。在常綠的青苔陪襯之下，可充分感受到楓樹（▶ P112）的紅葉與嫩芽吐露的季節感

◀樹高 28cm

山繡球「紅」

當作盆栽培養的山繡球（▶ P150）鋪上底草，做成苔球。山繡球花朵凋謝後緊接而來的返還切季節可當作草物欣賞。

◀樹高 20cm

製作合歡樹的苔球

●除了草木，其他需要準備的東西

❶貼苔（大灰蘚）
❷石炭（預防氧化）
❸泥炭土
❹基肥用顆粒肥料（緩效性且氮含量少）
❺缽底網
❻棉線
❼剪刀
❽鑷子
❾金屬線（適量）

1 缽底網鋪在底部，依序鋪上泥炭土、石炭與顆粒肥料後，再覆蓋一層薄薄的泥炭土。

2 草木的球根輕輕地將土拍落後放在上面。根系纏繞的球根要先疏根整理。

3 一邊攤開泥炭土，一邊將其整個覆蓋球根。塑整的形狀必須與草木取得均衡，以求穩定站立。

4 輕輕地橫向纏線（黑色亦可），一邊轉動整個球根，一邊均勻地呈放射狀纏繞。

5 貼苔剪成與褐色部分相同大小，一邊拉薄成 1.5 倍大，一邊均勻地貼在球根上。

6 再次一邊轉動球根，一邊呈放射狀纏線。青苔長出時，棉線就會被遮蓋住。

盆栽用語集

・**荒皮性**
幹肌從幼木時就呈現粗糙狀態的性質。容易展現古木感，在盆栽當中深受人們喜愛。

・**筏生**
盆栽樹形之一。從受到風雪侵襲倒塌的枝幹長出的枝條變成幹條，筆直挺立的姿態。

・**石附**
盆栽樹形之一。將樹木種植在風情萬種的岩石上，觀賞樹木與岩石合而為一的盆栽

・**第一要枝**
正面觀看盆栽時，從樹根數來的第一根枝條。往上依序為第二枝條、第三枝條。

・**一歲性（早發性）**
種子發芽當年就開花結果的性質。

・**忌枝**
擾亂樹姿、有損美麗的枝條。

・**受**
裝飾盆栽時，放在承受主木動線位置上的盆缽與添。

・**打枝**
枝條生長與伸展等方式的狀態。

・**枝順**
枝條從根部到尾端的伸展方式。當枝條均衡地朝上伸展的同時若也變得愈細長的話，就代表枝順愈好。與基幹、根張合稱為盆栽的三要素，同時也是觀賞的重點之一。

・**母株**
為了繁殖而用來插穗或接穗的樹木。

・**改作**
大幅改造盆栽樹形的作業。

・**勝手**
幹模樣動線朝左的稱為「右勝手」，朝右的稱為「左勝手」。

・**株立**
盆栽樹形之一。好幾根幹條從同一株樹生長的姿態。

・**寒樹**
雜木類樹木冬季葉片凋落的姿態。又稱「裸木」。落葉後到吐芽這段期間的樹姿、枝條的模樣以及幹肌是欣賞的重點。

・**黑網**
遮陽與防寒時使用的網布。網眼大小因透光率而異。

・**龜甲性**
樹皮如同龜殼般龜裂成厚重六角形模樣的幹肌性質，常見於黑松等樹木。

・**曲幹**
彎曲的幹條與枝條。

・**曲付**
幹條與枝條利用纏線的方式強制彎曲以塑形。塑造幅度小的曲付稱為「塑造模樣」。

・**懸崖**
盆栽樹形之一。幹條與枝條低於缽底的下垂形狀。

・**諧順**
幹條從根部往尾端慢慢變細的狀態。

・**苔球**
在採用洗根樹形的樹木用土上覆蓋一層青苔的盆栽，或像這樣覆蓋一層青苔的方式。

・**腰水**

→底盤給水

・**差枝**

從幹條下方長長延伸的枝條。從整個樹形來看，扮演著最重要的角色。第一要枝。

・**裂枝**

因為災害而枝幹斷裂、可看見木質部的幹條。以及以人為的方式呈現此狀態的幹條。

・**底草**

盆栽的裝飾。為了當作主木的添而擺置的山野草盆栽，扮演著展現季節感的角色。

・**斜幹**

盆栽樹形之一。幹條傾斜站立的樹木。

・**舍利**

枝條與幹條乾枯後呈白骨化的狀態。本應在條件嚴苛的大自然中自然形成，如今可採取人工方式製作。亦稱舍利幹。

・**樹格**

作為盆栽的品格與風格。瀰漫著古木感、樹姿龐大、觀賞處愈多的樹木「樹格愈高」。

・**樹形**

以自然界樹木的姿態為範本，作為盆栽培植目的的樹木模樣。

・**樹高**

盆栽的話指的是從缽緣到樹木頭部的高度。枝條高度低於缽緣的樹形則需測量上下左右的尺寸。

・**小品盆栽**

樹高不到20 cm、尺寸約手掌大小的盆栽。縱使空間狹小，依舊能欣賞到多數樹種。

・**正面**

盆栽看起來最均衡、美麗的那一面。表面。

・**神枝**

枝條與幹條乾枯後呈白骨化的木質部。為真柏與杜松觀賞處之一。可採用人工方式製作。

・**整姿**

裁剪、彎曲枝條，塑造盆栽樹形的作業。

・**剪枝**

為了塑造、維持樹姿而裁切枝葉與樹幹的作業。

・**雙幹**

盆栽樹形之一。從同一株樹的根部長出兩根樹幹的樹形。

・**添**

以襯托主木為目的而用來裝飾的盆栽、岩石與擺置品。亦稱添配。

・**大品盆栽**

樹高約超過60 cm的盆栽。

・**幹基（頭緒）**

從盆栽根部成為樹幹筆直挺立的部分。與枝順、根張同為盆栽觀賞的重點。

・**種木**

成為盆栽素材的樹木。

・**短葉法**

摘下長勢強的第一批芽，讓較短的第二批芽大小均等，藉以生長出美麗葉片的方法。

・**中品盆栽**

樹高約20 cm至60 cm的盆栽。

・**直幹**

盆栽樹形之一。幹條向上筆直生長的樹木。

・底盤給水
將整個盆鉢放在盛滿水的容器裡，讓樹木從鉢底吸水的澆水方式。

・添配
襯托主盆栽，展演出風景的小盆栽。亦稱添。

・徒長枝
長勢強，使得樹姿變得紊亂的枝條。會奪取養分，阻礙花與芽生長，通常會剪除。

・盆景
樹木與盆鉢成為一體後營造而出的協調氣氛。

・洗根
因為長久栽培而使得根系纏繞的樹木拉出盆鉢後，直接放在陶板或水盤中觀賞的姿態。

・扭幹
盆栽樹形之一。根部一邊扭轉，一邊呈螺旋狀向上生長的姿態。

・連根
盆栽樹形之一。數根幹條根部相連的姿態。

・球根（根鉢）
換盆時挖起的樹根與土黏在一起，凝固成盆鉢形狀的狀態。

・根張
樹木根部上方的狀態。以緊緊抓住大地的姿態為佳。與基幹、枝順同為盆栽的觀賞重點之一。

・培養
培植樹木，製作幹條與枝條以作為盆栽的方法。

・剔葉
姑且展開的葉片用手或剪刀裁剪，只留下葉梗的方法。分為剔除所有葉片與只針對長勢強的葉片裁剪這兩種方法。

・剪葉
為了統一葉片的長勢而修剪部分葉片的方法。

・葉性
葉片的顏色、形狀、吐露方式與長勢等性質。改善葉性並不容易，是挑選樹木時需要考量的重點。

・疏葉
為了改善通風與日照環境而拉開葉片密集處之葉子的方法。

・上盆
實生苗、插枝苗與栽種於地面的樹木第一次換盆的作業。

・配盆
經過培養並且塑造好樹形的樹木為了展現姿態而挑選合適盆鉢的作業。

・葉水
將水灑在葉片上以調整葉片表面溫度與濕度的作業。

・蟠幹
幹條大幅扭轉、彷彿蛇隻般纏繞的樹形。

・半懸崖
盆栽樹形之一。幹條與枝條雖低垂，但尾端卻位在鉢底上方的姿態。

・盤根
數條根條黏著，讓露出表土的根黏成一團的根張。

・姬性
→矮性

・翩風
盆栽樹形之一。展現的是幹條與枝條受風吹拂，往同一個方向飛揚的姿態。

・不定芽
在通常不會吐芽的地方冒出的芽。常見於長勢強的樹木或幼木。

・文人木
盆栽樹形之一。明治時代深受文人喜愛，故名。無下枝，風情獨特。

・掃立
盆栽樹形之一。枝條朝垂直方向伸展，形成掃把的姿態。為櫸木常見的樹形。

・主盆
觀賞或展覽時使用的盆缽。挑選時必須考慮盆景。

・幹肌
幹條部分給人的感覺。有讓人感覺古意的樹幹，也有表面平滑的樹幹。樹種不同，幹肌觀賞的地方也會隨之而異。

・幹模樣
幹條的曲幹（彎曲）模樣。

・播種
從種子培育的繁殖方法。

・摘綠
在名為「綠」的葉片展開前，摘下松樹類的棒狀新芽，藉以整頓樹勢均衡狀態的作業。黑松與赤松會在春季進行。

・除芽
除去不希望其生長的芽，或是芽的數目太多，去除一些以挪出空間的作業。

・切芽
松類樹木為了統一芽的長勢而切除新芽，以便培育第二批芽的方法。別名短葉法。為黑松不可或缺的作業。

・摘芽
為了統一芽的長勢而摘取新芽的作業。方法因時期與樹種不同而異。

・長年培養　長年照料　長年把玩（持ち込む）
一邊維持可觀賞的樹形，一邊讓盆栽長久在盆缽中培養的方法。

・模樣木
盆栽樹形之一。描繪出幹條曲線平順彎曲的狀態。

・八房性
長出的枝條細長、冒出多數嬌小葉片的性質。與普通種相比，整體呈矮性，而且不會長的過大，適合栽種成盆栽。

・集合種植（合植盆栽）
盆栽樹形之一。數種樹木栽種於同一個盆缽或岩石上的狀態。常見同一種樹栽種多株，但草物盆栽的話則是會搭配數種植物。

・裸木
→寒樹

・矮性
就算生長也不會變大的性質。亦稱姬性。

參加盆栽展 觀賞名品

一旦開始栽種盆栽植物，就會忍不住想要實際參觀那些被稱為名品的作品以及製作盆栽的小小世界。此外，請他人看看自己培植的盆栽還能察覺到自己從未發現的樹木優缺點。而能提供這些交流機會的，就是在各地舉辦盆栽展與展示會的盆栽協會。

社團法人「全日本小品盆栽協會」除了關東的秋雅展與關西的春雅展，還會在日本各地舉辦季節盆栽展。

就請大家先到自己身旁的盆栽展參觀一下吧。這些展通常會一併舉辦盆栽與素材的販賣會，算是購入素材的最佳時機。

國家圖書館出版品預行編目（CIP）資料

圖解盆栽技法 / 時崎厚監修 ； 何姵儀翻譯． —
初版． — 台中市 ： 晨星， 2016.05
面 ； 公分． —（自然生活家 ； 24）
譯自 ： 写真でわかる盆栽づくり
ISBN 978-986-443-114-4（平裝）

1. 盆栽 2. 園藝學

435.11 105001780

自然生活家 024

圖解盆栽技法
写真でわかる盆栽づくり

監修 時崎厚
翻譯 何姵儀
主編 徐惠雅
執行主編 許裕苗
版面編排 許裕偉
協力 社団法人全日本小品盆栽協会、同協会「秋雅展」実行委員会、同協会相模支部、トキワ園藝農業協同組合花木センター
照片 アルスフォト企画（金田洋一郎）、時崎厚、社団法人全日本小品盆栽協会、月刊近代盆栽
攝影協力 やまと園、時崎常陸園、永楽園（永井清明）
插畫 群境介、竹口睦郁
設計 株式会社志岐デザイン事務所（佐々木容子）
執筆協力 ムルハウス
編集協力 株式会社帆風社

創辦人 陳銘民
發行所 晨星出版有限公司
407 台中市西屯區工業 30 路 1 號 1 樓
TEL：04-23595820 FAX：04-23550581
行政院新聞局局版台業字第 2500 號
法律顧問 陳思成律師
初版 西元 2016 年 5 月 23 日
西元 2021 年 3 月 6 日（三刷）

總經銷 知己圖書股份有限公司
（台北公司）106 台北市大安區辛亥路一段 30 號 9 樓
TEL：02-23672044 / 23672047 FAX：02-23635741
（台中公司）407 台中市西屯區工業 30 路 1 號 1 樓
TEL：04-23595819 FAX：04-23595493
E-mail：service@morningstar.com.tw
網路書店 http://www.morningstar.com.tw
讀者專線 02-23672044
郵政劃撥 15060393（知己圖書股份有限公司）
印刷 上好印刷股份有限公司

定價 450 元
ISBN 978-986-443-114-4

◆讀者回函卡◆

以下資料或許太過繁瑣，但卻是我們了解您的唯一途徑，
誠摯期待能與您在下一本書中相逢，讓我們一起從閱讀中尋找樂趣吧！

姓名：＿＿＿＿＿＿＿＿ 性別：☐ 男 ☐ 女 生日： ／ ／

教育程度：＿＿＿＿＿＿

職業：☐ 學生 ☐ 教師 ☐ 內勤職員 ☐ 家庭主婦

☐ 企業主管 ☐ 服務業 ☐ 製造業 ☐ 醫藥護理

☐ 軍警 ☐ 資訊業 ☐ 銷售業務 ☐ 其他＿＿＿＿

E-mail：（必填）＿＿＿＿＿＿＿＿ 聯絡電話：（必填）＿＿＿＿

聯絡地址：（必填）☐☐☐＿＿＿＿＿＿＿＿

購買書名：圖解盆栽技法

・誘使您購買此書的原因?

☐ 於＿＿＿＿書店尋找新知時 ☐ 看＿＿＿＿報時瞄到 ☐ 受海報或文案吸引

☐ 翻閱＿＿＿＿雜誌時 ☐ 親朋好友拍胸脯保證 ☐＿＿＿＿電台 DJ 熱情推薦

☐ 電子報的新書資訊看起來很有趣 ☐對晨星自然 FB 的分享有興趣 ☐瀏覽晨星網站時看到的

☐ 其他編輯萬萬想不到的過程：＿＿＿＿＿＿＿＿

・本書中最吸引您的是哪一篇文章或哪一段話呢？＿＿＿＿＿＿＿＿

・您覺得本書在哪些規劃上需要再加強或是改進呢？

☐ 封面設計＿＿＿＿ ☐ 尺寸規格＿＿＿＿ ☐ 版面編排＿＿＿＿

☐ 字體大小＿＿＿＿ ☐ 內容＿＿＿＿ ☐ 文／譯筆＿＿＿＿ ☐ 其他＿＿＿

・下列出版品中，哪個題材最能引起您的興趣呢？

台灣自然圖鑑：☐植物 ☐哺乳類 ☐魚類 ☐鳥類 ☐蝴蝶 ☐昆蟲 ☐爬蟲類 ☐其他＿＿＿＿

飼養＆觀察：☐植物 ☐哺乳類 ☐魚類 ☐鳥類 ☐蝴蝶 ☐昆蟲 ☐爬蟲類 ☐其他＿＿＿＿

台灣地圖：☐自然 ☐昆蟲 ☐兩棲動物 ☐地形 ☐人文 ☐其他＿＿＿＿

自然公園：☐自然文學 ☐環境關懷 ☐環境議題 ☐自然觀點 ☐人物傳記 ☐其他＿＿＿＿

生態館：☐植物生態 ☐動物生態 ☐生態攝影 ☐地形景觀 ☐其他＿＿＿＿

台灣原住民文學：☐史地 ☐傳記 ☐宗教祭典 ☐文化 ☐傳說 ☐音樂 ☐其他＿＿＿＿

自然生活家：☐自然風 DIY 手作 ☐登山 ☐園藝 ☐農業 ☐自然觀察 ☐其他＿＿＿＿

・除上述系列外，您還希望編輯們規畫哪些和自然人文題材有關的書籍呢？＿＿＿＿

・您最常到哪個通路購買書籍呢？☐博客來 ☐誠品書店 ☐金石堂 ☐其他＿＿＿＿

很高興您選擇了晨星出版社，陪伴您一同享受閱讀及學習的樂趣。只要您將此回函郵寄回本社，我們將不定期提供最新的出版及優惠訊息給您，謝謝！

若行有餘力，也請不吝賜教，好讓我們可出版更多更好的書！

・其他意見：＿＿＿＿＿＿＿＿＿＿＿＿

晨星出版有限公司 編輯群，感謝您！

請填妥後對折裝訂，貼妥郵票後寄出即可

請填妥後對折裝訂，貼妥郵票後寄出即可

郵票

請黏貼 8 元郵票

晨星出版有限公司　收

地址：407 台中市工業區三十路 1 號
贈書洽詢專線：04-23595820*112　傳真：04-23550581

晨星回函有禮，加碼送好書！

填妥回函後加附 50 元回郵（工本費）寄回，得獎好書《野地協奏曲》馬上送！　原價：200 元

（若贈品送完，將以其他書籍代替，恕不另行通知）

天文、動物、植物、登山、園藝、生態攝影、自然風 DIY……各種最新最夯的自然大小事，盡在「晨星自然」臉書，快來加入吧！

晨星出版
Morning Star

請填妥後對折裝訂，貼妥郵票後寄出即可